ANSYS Fluent 二次开发指南

胡坤　编著

化学工业出版社

·北京·

内容简介

本书详细介绍了 ANSYS Fluent 二次开发方法和技巧，全书内容分为三部分：第 1 部分为 UDF 程序设计，介绍了 Fluent UDF 基础、UDF 编译配置、程序编制等；第 2 部分为 Fluent 界面定制，主要介绍 Scheme 语言基础以及利用 Scheme 语言编制 Fluent 自定义用户界面的一般流程；第 3 部分为流程封装，介绍了采用进程封装方式进行 Fluent 二次开发的基本方法。

本书结构清晰，语言简练，通俗易懂，可供 CFD 工程人员、研发人员以及相关专业师生阅读参考。

图书在版编目（CIP）数据

ANSYS Fluent 二次开发指南/胡坤编著. —北京：化学工业出版社，2021.1（2024.5重印）
ISBN 978-7-122-37918-4

Ⅰ.①A… Ⅱ.①胡… Ⅲ.①工程力学-流体力学-有限元分析-应用软件-指南 Ⅳ.①TB126-39

中国版本图书馆 CIP 数据核字（2020）第 198798 号

责任编辑：曾　越　　　　　　　　　　　装帧设计：王晓宇
责任校对：王素芹

出版发行：化学工业出版社（北京市东城区青年湖南街 13 号　邮政编码 100011）
印　　装：北京盛通数码印刷有限公司
787mm×1092mm　1/16　印张 12¼　字数 310 千字　2024 年 5 月北京第 1 版第 6 次印刷

购书咨询：010-64518888　　　　售后服务：010-64518899
网　　址：http://www.cip.com.cn
凡购买本书，如有缺损质量问题，本社销售中心负责调换。

定　　价：69.00 元　　　　　　　　　　　　　　　　　　　　版权所有　违者必究

前言

ANSYS Fluent 是一款通用计算流体力学软件,目前被广泛应用于航空航天、能源动力、石油化工、环境、水利、气象、生物医疗、食品等行业,且随着计算机技术的不断发展,其应用领域还在不断扩展。

作为一款通用流体计算软件,ANSYS Fluent 提供了众多的功能帮助用户实现前处理、求解及后处理的完整计算流程,同时 ANSYS Fluent 还提供了二维和三维、瞬态及稳态、层流及湍流、单相流及多相流、部件运动与网格运动、化学反应流及燃烧等众多计算功能。这些功能在赋予了 Fluent 软件强大功能的同时,无形中也提高了软件的使用门槛及使用者的学习周期。然而在实际工程应用中,用户所涉及的流体问题往往只使用到软件众多功能中的少部分,因此使用者常需要对软件进行封装,将一些不相关的功能及界面隐藏掉,开发出更具有专业特色的软件模块。另一方面,为保证软件的通用性,Fluent 在一些模型及功能上进行了处理,在实际使用过程中,经常需要根据实际情况自定义计算模型,或利用自定义方式实现软件自身未能提供的功能。

Fluent 提供了良好的用户自定义机制以满足软件定制的需求。在功能扩展方面,用户可以采用 C 语言编写 UDF 程序;在软件界面扩展方面,用户可以采用 Scheme 语言进行界面定制。除此之外,Fluent 提供了 TUI 脚本命令,用户可以利用 journal 脚本实现仿真计算流程控制。

本书以 Fluent 二次开发为目标,主要介绍 Fluent 二次开发的三种方式:

(1) UDF 程序设计,内容涵盖 UDF 编译配置、程序编制等;

(2) Fluent 界面定制,涵盖 Scheme 语言基础以及利用 Scheme 语言编制 Fluent 自定义用户界面的一般流程;

(3) 流程封装,内容涵盖采用进程封装方式进行 Fluent 二次开发的基本方法。

本书可供从事流体仿真相关行业的科研人员以及企业研发人员学习参考,也可供与流体仿真相关专业的师生阅读。

编著者

目录

第 1 部分 UDF 程序设计

第 1 章 Fluent UDF 基础 —— 002

- 1.1 UDF 简介 —— 002
- 1.2 Fluent UDF 的学习路径 —— 002
- 1.3 基础要求 —— 003
- 1.4 UDF 代码编辑器 —— 003
- 1.5 UDF 使用限制 —— 003
- 1.6 C 语言基础 —— 005
  - 1.6.1 C 语言中的注释 —— 005
  - 1.6.2 基本数据类型 —— 005
  - 1.6.3 常数 —— 005
  - 1.6.4 全局变量和局部变量 —— 005
  - 1.6.5 外部变量 —— 006
  - 1.6.6 静态变量 —— 007
  - 1.6.7 用户自定义数据类型 —— 008
  - 1.6.8 强制转换 —— 008
  - 1.6.9 函数 —— 008
  - 1.6.10 数组 —— 008
  - 1.6.11 指针 —— 008
  - 1.6.12 流程控制 —— 009
  - 1.6.13 操作符 —— 010
  - 1.6.14 C 语言库函数 —— 011
  - 1.6.15 预处理命令 —— 011
- 1.7 UDF 使用流程 —— 014
  - 1.7.1 Fluent 中的 Patch —— 014
  - 1.7.2 案例描述 —— 015
  - 1.7.3 编写 UDF 源文件 —— 016
  - 1.7.4 解释 UDF —— 017
  - 1.7.5 Hook UDF —— 017
  - 1.7.6 查看结果 —— 018

第 2 章 UDF 的编译及解释 —— 020

- 2.1 解释型 UDF —— 020
  - 2.1.1 解释型 UDF 的局限性 —— 020
  - 2.1.2 在 Fluent 中解释 UDF —— 021
- 2.2 编译型 UDF —— 021
  - 2.2.1 C 编译器 —— 022
  - 2.2.2 GUI 方式编译 UDF —— 022
  - 2.2.3 命令行方式编译 UDF —— 024
  - 2.2.4 GCC 方式编译 UDF —— 026
- 2.3 设置 UDF 环境变量 —— 031
- 2.4 UDF 中的网格结构 —— 033
- 2.5 UDF 中的数据类型 —— 033

第 3 章 UDF 数据访问宏 —— 035

- 3.1 数据访问宏 —— 035
  - 3.1.1 节点数据访问宏 —— 035
  - 3.1.2 面数据获取宏 —— 037
  - 3.1.3 单元数据访问宏 —— 039
  - 3.1.4 拓扑关系宏 —— 041
  - 3.1.5 特殊宏 —— 044
- 3.2 循环迭代宏 —— 046
  - 3.2.1 遍历区域中的网格单元 —— 047
  - 3.2.2 遍历区域中的网格面 —— 047
  - 3.2.3 遍历网格单元集合中的所有单元 —— 047
  - 3.2.4 遍历面集合中的所有面 —— 047

3.2.5	遍历一个网格单元上的所有面 —— 048	3.5.2	Error 宏 —— 053
3.2.6	遍历网格单元中的节点 —— 048	3.6	其他宏 —— 053
3.2.7	遍历网格面中的所有节点 —— 048	3.6.1	Data_Valid_P —— 054
3.3	向量及标量运算宏 —— 049	3.6.2	FLUID_THREAD_P —— 054
3.3.1	2D 及 3D 处理 —— 049	3.6.3	Get_Report_Definition_Values —— 054
3.3.2	ND 操作宏 —— 049	3.6.4	M_PI —— 057
3.3.3	NV 宏 —— 050	3.6.5	N_UDM —— 057
3.3.4	向量运算宏 —— 051	3.6.6	N_UDS —— 057
3.4	时间相关宏 —— 052	3.6.7	SQR(k) —— 058
3.5	输入输出宏 —— 053	3.6.8	UNIVERSAL_GAS_CONSTANT —— 058
3.5.1	Message 宏 —— 053		

第4章 常用的 DEFINE 宏 —— 059

4.1	通用 DEFINE 宏 —— 059	4.2	模型参数指定宏 —— 072
4.1.1	DEFINE_ADJUST —— 059	4.2.1	DEFINE_ZONE_MOTION —— 072
4.1.2	DEFINE_DELTAT —— 061	4.2.2	DEFINE_PROFILE —— 073
4.1.3	DEFINE_EXECUTE_AT_END —— 063	4.2.3	DEFINE_PROPERTY —— 074
4.1.4	DEFINE_EXECUTE_AT_EXIT —— 065	4.2.4	DEFINE_SPECIFIC_HEAT —— 075
4.1.5	DEFINE_EXECUTE_FROM_GUI —— 065	4.3	动网格模型宏 —— 075
4.1.6	DEFINE_EXECUTE_ON_LOADING —— 066	4.3.1	DEFINE_CG_MOTION —— 075
4.1.7	DEFINE_EXECUTE_AFTER_CASE/DATA —— 067	4.3.2	DEFINE_GEOM —— 077
4.1.8	DEFINE_INIT —— 067	4.3.3	DEFINE_GRID_MOTION —— 077
4.1.9	DEFINE_ON_DEMAND —— 068	4.3.4	DEFINE_SDOF_PROPERTIES —— 079
4.1.10	DEFINE_REPORT_DEFINITION_FN —— 070	4.4	源项定义 —— 080
4.1.11	DEFINE_RW_FILE —— 071	4.4.1	DEFINE_SOURCE —— 080
4.1.12	DEFINE_RW_HDF_FILE —— 072	4.4.2	源项定义案例 —— 080
		4.5	UDS 及 UDS 宏 —— 081
		4.5.1	单相流中的 UDS —— 081
		4.5.2	多相流中的 UDS —— 082
		4.5.3	Fluent 中定义 UDS —— 083
		4.5.4	UDS 宏 —— 087

第5章 并行计算中的 UDF —— 090

5.1	并行 UDF 介绍 —— 090	5.2.3	PRINCIPAL_FACE_P —— 094
5.1.1	并行计算环境 —— 090	5.2.4	外部 Thread 数据存储 —— 094
5.1.2	命令传递与通信 —— 091	5.3	串行代码并行化 —— 094
5.2	并行计算中的网格术语 —— 092	5.3.1	串行代码并行化的任务 —— 094
5.2.1	分区网格中的网格类型 —— 092	5.3.2	DPM 模型的并行化 —— 095
5.2.2	分区边界上的网格面 —— 093	5.4	并行 UDF 宏 —— 095

  5.4.1 编译器指令 —— 096
  5.4.2 host 与 node 节点通信 —— 097
  5.4.3 逻辑判断 —— 098
  5.4.4 全局约简 —— 099
  5.4.5 全局求和 —— 100
  5.4.6 全局最大最小值 —— 100
  5.4.7 全局逻辑值 —— 100
  5.4.8 全局同步 —— 101
 5.5 并行数据遍历 —— 101
  5.5.1 内部网格遍历 —— 101
  5.5.2 外部网格遍历 —— 102
  5.5.3 内部及外部网格遍历 —— 102
  5.5.4 遍历所有网格面 —— 103

 5.6 节点间数据交换 —— 104
  5.6.1 网格单元及网格面分区 ID —— 104
  5.6.2 网格单元分区 ID —— 104
  5.6.3 网格面分区 ID —— 104
  5.6.4 消息显示 —— 104
  5.6.5 消息传递 —— 105
  5.6.6 计算节点间数据交换 —— 108
 5.7 并行 UDF 宏限制 —— 109
 5.8 处理器标识 —— 111
 5.9 并行 UDF 中的文件读写 —— 112
  5.9.1 读取文件 —— 112
  5.9.2 写入文件 —— 113

第 2 部分　Fluent 界面定制

第 6 章　Fluent 用户界面开发基础 —— 118
 6.1 为何要进行界面开发 —— 118
 6.2 如何进行界面开发 —— 118
 6.3 界面开发工具 —— 119
 6.4 一个简单的 Scheme 程序 —— 120
 6.5 使用.fluent 文件 —— 121

第 7 章　Scheme 语言基础 —— 123
 7.1 Scheme 编辑器 —— 123
 7.2 基本要素 —— 124
  7.2.1 注释 —— 124
  7.2.2 块 —— 124
  7.2.3 数据类型 —— 124
  7.2.4 基本语法概念 —— 126
 7.3 程序结构 —— 128
  7.3.1 顺序结构 —— 128
  7.3.2 if 结构 —— 128
  7.3.3 cond 结构 —— 129
  7.3.4 case 结构 —— 130
  7.3.5 and 结构 —— 130
  7.3.6 or 结构 —— 131
  7.3.7 递归 —— 131
  7.3.8 循环 —— 132
 7.4 Fluent RP 变量 —— 132
  7.4.1 创建 RP 变量 —— 132
  7.4.2 修改 RP 变量 —— 133
  7.4.3 GUI 中访问 RP 变量 —— 133
  7.4.4 UDF 中访问 RP 变量 —— 133
  7.4.5 保存及加载 RP 变量 —— 134

第 8 章　Fluent 界面元素 —— 135
 8.1 引例 —— 135
 8.2 界面布局容器 —— 136
  8.2.1 对话框 —— 136
  8.2.2 表格 —— 137
 8.3 控件 —— 139
  8.3.1 整数输入框 —— 139
  8.3.2 实数输入框及字符串输入框 —— 140
  8.3.3 复选框与单选框 —— 141
  8.3.4 按钮 —— 142
  8.3.5 列表框与下拉框 —— 144
 8.4 创建菜单 —— 147

8.4.1	添加顶级菜单 —— 147		8.4.3	添加菜单项 —— 147
8.4.2	添加子菜单 —— 147		8.4.4	菜单案例 —— 147

第 9 章　Fluent 界面开发实例 —— 149

9.1	Y+计算器 —— 149		9.2.2	程序代码 —— 154
	9.1.1　计算方法 —— 150	9.3	UDF 交互 —— 157	
	9.1.2　程序代码 —— 150		9.3.1	Scheme 代码 —— 157
9.2	湍流参数计算器 —— 153		9.3.2	UDF 代码 —— 159
	9.2.1　基本公式 —— 153			

第 3 部分　流程封装

第 10 章　Fluent 进程封装 —— 162

10.1	Fluent 文本操作界面 —— 162		10.2.8	系统命令 —— 166
	10.1.1　基本介绍 —— 162		10.2.9	文本菜单 —— 167
	10.1.2　命令缩写 —— 163	10.3	进程调用式流程开发 —— 168	
	10.1.3　命令历史 —— 164		10.3.1	进程调用 —— 168
	10.1.4　运行 Scheme —— 164		10.3.2	Fluent 命令启动 —— 169
10.2	文本提示系统 —— 164		10.3.3	准备 TUI —— 169
	10.2.1　数字 —— 165		10.3.4	示例程序 —— 170
	10.2.2　布尔值 —— 165	10.4	ACT 流程开发 —— 172	
	10.2.3　字符串 —— 165		10.4.1	ACT 介绍 —— 172
	10.2.4　符号 —— 165		10.4.2	ACT 的功能概述 —— 173
	10.2.5　文件名 —— 166		10.4.3	技能需求 —— 174
	10.2.6　列表 —— 166		10.4.4	ACT 开发示例 —— 174
	10.2.7　求值 —— 166			

第1部分 UDF程序设计

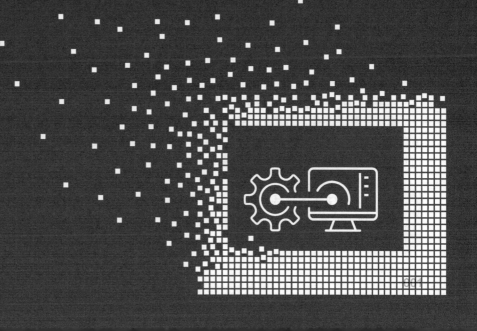

第1章 Fluent UDF基础

1.1 UDF 简介

Fluent 是一款通用 CFD 软件，其设计的目的是满足工程中的流动传热问题仿真模拟。作为一款通用软件，其功能涵盖越广泛，自然市场竞争力越强。然而，软件开发公司为了满足其通用性，无疑在各种计算参数的选取上偏于保守。例如各种求解算法、模型参数等，为了保证其收敛性和鲁棒性，必然会存在舍弃精度的做法。因此，对于一些特殊的复杂问题，通用计算软件现有的功能常常难以满足需求，此时可能需要对软件功能进行扩充扩展。

作为商用软件，Fluent 给高级用户开了一扇窗口，允许用户根据自己的需求对软件进行一定程度的定制，即 User Defined Function，简称 UDF。

Fluent UDF 采用 C 语言进行编写，可以采用编译或解释的方式加载到 Fluent 中，利用 UDF 可以对 Fluent 计算过程中的一些模型参数或计算流程进行控制。

1.2 Fluent UDF 的学习路径

要使用 UDF，该如何入手？

Fluent 帮助文档中提供了较为详尽的 UDF 使用方法，包含了绝大多数宏的使用描述（其实还有一部分宏并没有出现在文档中，用户可以通过研读代码中的注释来使用这些宏，见 udf.h 文件）。在编写 UDF 的过程中，UDF 手册是必不可少的文档。

实际上 UDF 的应用过程大致是这样的。

① 发现需要使用 UDF　Fluent 毕竟是一款成熟的商用软件，大多数情况下，利用 GUI 就能够满足我们的计算要求。只有当我们确信 Fluent 的 GUI 并不具备某项功能，而利用 UDF 可以满足此要求时，才开始着手编写 UDF。

> **注意**　能用 GUI 实现的功能，就不要用 UDF 去做。Fluent 开发商不对 UDF 的正确性负责，他们只负责 UDF 与 Fluent 的通信功能。能不能用 UDF 实现某项功能，需要查阅 Fluent 帮助文档。

② 编写 UDF 文件　这部分工作是 UDF 的核心工作。作为一个计算机程序，UDF 同样有输入和输出。在翻阅 UDF 手册的时候，搞清楚宏文件中哪些参数是输入，哪些参数是输出。最简单的方式就是直接套用 UDF 手册中的示例程序，在其基础上进行修改。

③ 配置 UDF 环境　这部分工作实际上相当简单。只不过在 Windows 环境下需要安装 Visual Studio，在 Linux 环境下需要配置 GCC。需要注意在安装 Visual Studio 的时候一定要选择安装 C++，否则不会安装 C 编译器。

④ 在 Fluent 中加载 UDF　加载的方式可以是解释型，也可以是编译型。通常解释型的程序调用要比编译型的慢，因此一些计算密集的场合，建议使用编译型程序。

1.3　基础要求

编写 UDF，了解 C 语言是必要的，但并不需要非常精通。UDF 宏的编写实际上只是应用了 C 语言中很少的一部分。但是对 C 语言越熟悉，写起 UDF 来就越轻松。如果对 C 语言一无所知的话，至少需要看看以下的内容：

① 基本语法　语法重要性自然不用多说。UDF 采用 C 语言进行编写，自然必须符合 C 语言基本语法习惯，否则解释和编译都难以通过。C 语言的语法很多，可以找一本经典 C 语言书籍，照着写一两个程序基本就熟悉了。

② 控制结构　包括逻辑控制、循环控制等。虽然说 UDF 中的控制形式有特别的宏来完成，然而掌握 C 语言的控制结构更有助于理解 UDF 中的循环结构。

③ 数组与指针　这个需要重点理解，在 UDF 中有很多的内置变量类型是数组或指针，不理解的话在编写程序时会十分困难。指针也是 C 语言的特色。

④ 函数与宏　搞清楚 C 语言函数传值调用与传址调用的区别。尤其是搞明白传址调用，因为 UDF 宏中存在极多的传址调用。

1.4　UDF 代码编辑器

UDF 文件可以用任何文本编辑器编写，如记事本、写字板等。如果想要有语法高亮效果，则可以找一些专业的编辑器，如免费的编辑器 Notepad++、Visual Studio Code、Atom 等，一些收费软件如 ultraEdit、EditPlus、Sublime text 等也都是非常不错的选择。

Notepad++工作界面如图 1-1 所示。

Visual Studio Code 工作界面如图 1-2 所示。

1.5　UDF 使用限制

Fluent UDF 在使用中存在一些限制。

① 尽管 ANSYS Fluent 中的 UDF 功能可以用于广泛的工程应用场景，但依然无法涵盖所有的应用。UDF 并不能访问所有的求解变量及计算模型。

② 通常情况下，UDF 使用国际单位制。也有一些极特殊情况，如普适气体常量 UNIVERSAL_GAS_CONSTANT 使用非国际单位制。

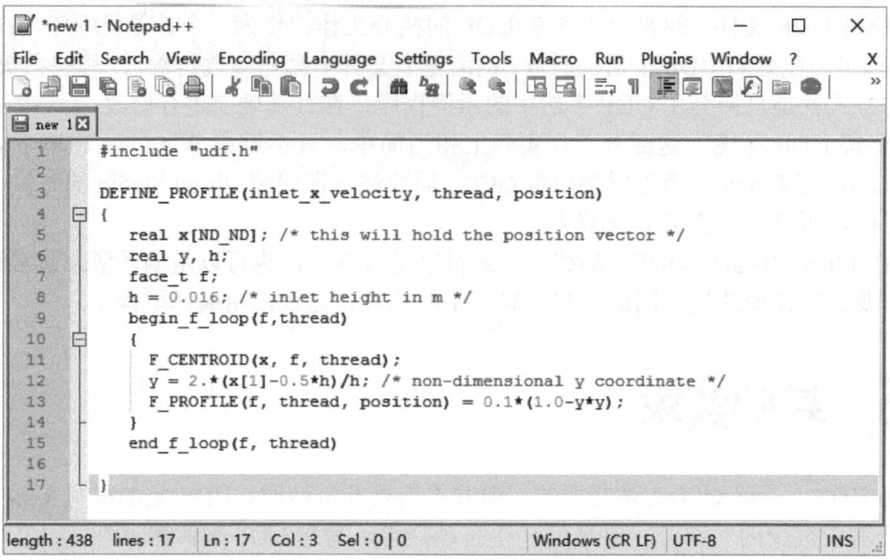

图 1-1 Notepad++工作界面

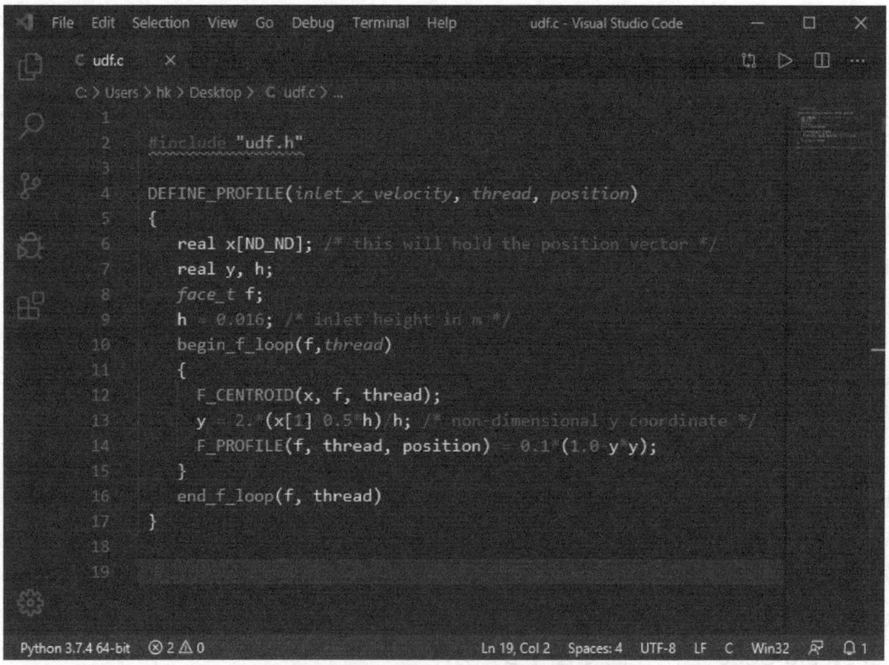

图 1-2 Visual Studio Code 工作界面

③ 当使用新版本的 Fluent 时,UDF 需要重新解释或编译。

④ 默认情况下,Fluent UDF 使用串行版本,若要将其用于并行求解,则可能需要修改程序代码。

> **注意**:虽然 UDF 给使用者提供了较多的访问求解器内核的途径,但方便的同时往往也意味着风险,在实际工程应用中,非不得已不建议使用 UDF 替代 Fluent 中的已有参数。

1.6 C语言基础

Fluent UDF 采用 C 语言进行编写,本节简单介绍在 UDF 中经常会用到的 C 语言知识,本节部分内容来自 UDF 手册。

1.6.1 C语言中的注释

C 语言中的注释利用/*及*/来实现。例如:

/*这是一个注释*/

注释也可以跨行实现,如:

/*这是一个
跨行注释*/

> **注意**:在编写 UDF 的过程中,不能把 DEFINE 宏(如 DEFINE_PROFILE)放置在注释中,否则会引起编译错误。

1.6.2 基本数据类型

Fluent UDF 解释器支持的标准 C 数据类型如下:
Int:整型,存储形如 1、2、3 之类的整数。
long:长整型,存储数据与 int 类似,但范围更广。
float:浮点型,存储小数,如 1.234 等。
double:双精度浮点型,与 float 类似。
char:字符型,如'a'、'b'、'c'等。
Fluent UDF 中还有 real 型,其实这是 Fluent 自定义的数据类型,在双精度求解器中,real 类型与 double 类型相同,而在单精度求解器中,real 类型等同于 float 类型。UDF 自动进行转换,因此在需要浮点数时,可以全部采用 real 类型。

1.6.3 常数

在 C 语言中可以利用#define 来定义常数。需要注意的是,定义为常数类型后,该变量的值不能改变。如:

```
#define WALL_ID 5
#define YMIN 0.0
#define YMAX 0.4
```

这样定义完毕后,WALL_ID 的值不能再发生改变,因此如下的语句会引发编译错误:

WALL_ID = WALL_ID +1;

1.6.4 全局变量和局部变量

变量用于存储数据。所有变量都包含类型、名称以及值,有时候还包含存储标记,如静态变量和外部变量。C 语言中所有的变量在使用之前都必须声明,这样 C 编译器才会知道该如何为此变量分配内存。

C 语言中的全局变量定义在函数的外部,该变量可以被源文件中所有的函数引用。全局变量如果未被声明为静态变量,还可以被外部函数引用。如下面程序中的全局变量声明:

```
#include "udf.h"
real volume; /*此处定义的是全局变量*/
DEFINE_ADJUST(vol,domain)
{
    /*此处可以访问变量volume*/
}
```

局部变量一般定义在函数体内,其只在函数体内起作用,在函数体外无法被访问到。如下面程序中的局部变量定义:

```
DEFINE_PROPERTY(cell_viscosity, cell, thread)
{
    real mu_lam;         /*局部变量 */
    real temp = C_T(cell, thread);  /* 局部变量 */
    if (temp > 288.)
      mu_lam = 5.5e-3;
    else if (temp > 286.)
      mu_lam = 143.2135 - 0.49725 * temp;
    else
      mu_lam = 1.;
    return mu_lam;
}
```

1.6.5 外部变量

当在某个源文件中定义了一个未加 static 的全局变量后,若想在另一个源文件中调用此变量,此时可以使用外部变量声明来实现。采用如下声明:

```
extern real volume;
```

> **注意** extern 声明只能用于编译型 UDF 中。

以下是一个利用 extern 的案例。

假设在源文件 file1.c 中定义了全局变量:

```
#include "udf.h"
real volume;
DEFINE_ADJUST(compute_volume, domain)
{
    volume = ....
}
```

若其他的源文件想要利用此全局变量 volume,此时可以创建头文件,并将变量 volume

声明为 extern 变量，如创建头文件 extfile.h，写入内容：

```
extern real volume;
```

之后就可以在其他的源文件中使用此变量 volume 了，如在源文件 file2.c 中：

```
#include "udf.h"
#include "extfile.h"
DEFINE_SOURCE(heat_source,c,t,ds,eqn)
{
    real total_source = ...;
    real source;
    source = total_source/volume;
    return source;
}
```

◎ 提示：外部变量使用起来很麻烦，也很容易出错，如果对其不甚了解，建议不要使用。

1.6.6 静态变量

静态变量（声明时添加 static 关键字）在用于局部变量或全局变量时具有不同的作用。局部变量被声明为 static 时，当函数返回后变量并不销毁，变量的值依旧被保留。全局变量被声明为 static 时，该变量能够被此源文件中的所有函数调用，但不能被其他源文件中的函数调用。实际上是变量被隐藏了。

例如在文件 mysource.c 中有如下代码：

```
#include "udf.h"
static real abs_coeff = 1.0; /*静态全局变量*/
/* 此变量只能被本文件中的其他函数调用 */

DEFINE_SOURCE(energy_source, c, t, dS, eqn)
{
   real source; /* 局部变量*/
   int P1 = ....; /* 局部变量*/
/*变量只能被当前函数调用，但在函数返回时变量并不释放 */
   dS[eqn] = -16.* abs_coeff;
   source =-abs_coeff *(4.* SIGMA_SBC );
   return source;
}

DEFINE_SOURCE(p1_source, c, t, dS, eqn)
{
   real source;
   int P1 = ...;
   dS[eqn] = -abs_coeff;
   source = abs_coeff *(4.* SIGMA_SBC);
   return source;
}
```

◎ 提示：与全局变量类似，静态变量也尽量少用，容易造成不必要的麻烦。

1.6.7 用户自定义数据类型

C 语言允许用户自己定义数据类型，通过使用结构体及 typedef 关键字。如定义类型：

```
typedef struct list
{
    int a;
    real b;
    int c;
}mylist;
mylist x,y,z;
```

上例定义了一个结构体类型 mylist，并定义了三个结构体变量 x、y、z。

1.6.8 强制转换

在 C 语言中，有时需要对类型进行强制转换，如将浮点型强制转换为整型，如下例程序：

```
int x =1;
real y=3.1415926;
int z=x+(int)y;
```

计算完毕后，z=4。

1.6.9 函数

C 语言中的函数执行独立的任务。函数能够被同一源文件中的其他函数调用，也可以由源文件之外的函数调用。

函数定义包含函数名以及被传递给函数的零个或多个参数列表。函数包含一个包含在大括号内的主体，主体中包含执行任务的指令。函数可以返回特定类型的值。

函数返回特定数据类型的值（例如，实数），如果类型为 void，则不返回任何值。要确定 DEFINE 宏的返回数据类型，可查看 udf.h 文件中宏的相应#define 语句。

1.6.10 数组

C 语言中数组变量定义为 name[size]，其中 name 为数组变量的名称，size 为数组中存储的单元数量。C 语言中数组索引从 0 开始。

```
int a[10], b[10][10];
real rad[5];
a[0] = 1;
rad[4] = 3.14159265;
b[10][10] = 4;
```

1.6.11 指针

指针是一种存储变量内存地址的变量。换句话说，指针是一个变量，这个变量指向另外

一个变量的内存地址。指针变量的声明:

```
int *ip;/*定义指针变量ip*/
```

定义了指针变量后,可以利用取址运算符将其他变量的地址赋予指针变量,如:

```
int *ip;
ip =&a;
```

也可以为指针变量赋值,如:

```
*ip =4;
```

当指针作为函数的参数,此时为传址调用,在函数体内修改指针参数的值,会改变调用函数时传递的参数的值。此功能可以实现一个函数返回多个值。

如下的C程序:

```
#include <stdio.h>
int add(int *a,int b)
{
    int sum = 0;
    sum = *a + b;
    *a = 5;
    return sum;
}

int main() {
    int *ip;
    int a = 1;
    int b = 2;
    int sum = 0;
    ip = &a;
    sum = add(ip,b);
    printf("sum=%d,a=%d\n",sum,a);
    return 0;
}
```

输出结果:

```
sum=3,a=5
```

传递的参数值被函数体内的程序改变。

1.6.12 流程控制

C语言中可以用逻辑判断和循环来进行流程控制。

(1) if 语句

if 语句用于逻辑判断。可写成:

```
if(逻辑判断表达式)
{
    语句块;
}
```

例如：

```
if(q!=1)
{
    a=0;
    b=1;
}
```

若逻辑判断存在多个分支，可以采用 if-else 结构，如：

```
if(x<0)
{
    y = x/50;
}
else(x>=0 && x<3)
{
    x=-x;
    y = x/25;
}
else
{
    x= 0;
    y = 0;
}
```

（2）for 循环

for 语句常用于循环表达。

```
int i,j,n=10;
for(i=1;i<n;i++)
{
    j = i*i;
    printf("%d%d\n",i,j);
}
```

除此以外，C 语言中还包含 while、do…while 循环，以及 switch 开关判断等流程控制。关于此方面更详细内容可参阅专业的 C 语言类图书。

1.6.13 操作符

（1）常用的代数操作符（表 1-1）

表 1-1 常用的代数操作符

符号	含义	符号	含义
=	赋值操作	/	除法运算
+	加法计算	%	求模运算
-	减法计算	++	累加
*	乘法运算	--	累减

(2)常用的逻辑操作符(表1-2)

表1-2 常用的逻辑操作符

符号	含义	符号	含义
<	小于	>=	大于等于
<=	小于等于	==	等于
>	大于	!=	不等于

1.6.14 C语言库函数

C语言中包含了一些常用的库函数,这些函数可以在UDF中直接调用。

(1)常用的三角函数

```
double acos (double x);
double asin (double x);
double atan (double x);
double atan2 (double x, double y);
double cos (double x);
double sin (double x);
double tan (double x);
double cosh (double x);
double sinh (double x);
double tanh (double x);
```

(2)常用的数学函数

```
double sqrt (double x);
double pow(double x, double y);
double exp (double x);
double log (double x);
double log10 (double x);
double fabs (double x);
double ceil (double x);
double floor (double x);
```

(3)常用的标准输入输出函数

```
FILE *fopen(char *filename, char *mode);
int fclose(FILE *fp);
int printf(char *format,...);
int fprintf(FILE *fp, const char *format,...);
int fscanf(FILE *fp, char *format,...);
```

1.6.15 预处理命令

在UDF的各种头文件中(文件路径D:\Program Files\ANSYS Inc\v180\fluent\fluent18.0.0\src),

存在各种以#开头的语句,如图 1-3 所示。

```
#ifndef _FLUENT_UDF_H
#define _FLUENT_UDF_H

#ifdef __cplusplus
extern "C" {
#endif


#define _UDF 1
#define _CRT_SECURE_NO_DEPRECATE 1
#define _CRT_NONSTDC_NO_DEPRECATE 1


#ifdef UDFCONFIG_H
# include UDFCONFIG_H
#endif


#include "global.h"
```

图 1-3 头文件示例

这些以#开头的语句就是 C 语言的预处理命令。

C 语言的预处理工作由一个预处理程序来完成。任何 C 系统都有一个预处理程序,负责处理源程序中的所有预处理命令,从而生成不含预处理命令的源程序。C 语言的预处理目的是为了方便编程。

预处理命令以独立的预处理命令行的形式出现在源程序中,# 是其特殊的引导符号。如果源程序中某一行的第一个非空格符号是#,这就是一个预处理命令行。预处理命令的作用是要求预处理程序完成一些操作。

（1）文件包含命令

文件包含命令是以#include 开始的行,其作用是把特定文件的内容复制到当前源文件中。其存在两种形式如下：

```
# include <文件名>
# include "文件名"
```

两者的差异在于文件搜索方式的不同。

第一种形式,预处理程序直接到系统指定的某些目录中去查找所需文件,目录指定方式由具体系统确定,通常指定几个系统目录。

第二种形式,预处理程序先在源文件所在目录中查找,若没找到文件,则再到系统指定的目录中去查找。

文件包含命令的处理过程：首先查找所需文件,找到后就用该文件的内容取代这个包含命令行。替换进来的文件中若有预处理命令,也将被处理。

（2）宏定义和宏替换

以#define 开始的行称为宏定义命令行。宏定义包含两种形式：简单宏定义；带参数的宏定义。

① 简单宏定义

简单宏定义的形式为:

```
#define 宏名字 替代文本
```

其中宏名字是任意标识符,替代文本可以是任意一段正文,其中可以包括程序中能出现的任何字符(包括空格等),一直延续到本行结束。如果需要写多行的替代文本,可以在行末写一个反斜杠\,这将使下一行内容继续被当作替代文本。

宏定义的作用就是为宏名字定义替代。

如果一个宏名字的替代文本是数值或可以静态求值的表达式,当这个宏名字在程序某处出现,就相当于在那里写了这个数值或表达式。

例如,如果进行了如下定义:

```
#define SLD static long double
```

此后,宏名字 SLD 就代表 static long double。若程序中出现:

```
SLD x=2.4, y=9.16;
```

经过预处理后,源代码被翻译为:

```
static long double x=2.4,y=9.16;
```

预处理并不检查宏定义中的替代文本是否为合法的 C 语言结构,也不检查替换之后的结果是否为正确的 C 语言程序段,其只是简单地完成文本替换工作。

② 带参数的宏定义

带参数的宏定义形式为:

```
#define 宏名字(参数列表) 替代正文
```

使用带参数的宏定义时,不但要给出宏的名字,还要用类似函数实参的形式给出各宏参数的替代段,多个替代段之间用逗号分隔。这种形式也成为一个宏调用。

对宏调用的替换分两部分进行:首先用替代代码段填充宏参数,然后将替换的结果(展开后的替代正文)代入到主程序中实现程序代码的替换。

例如,定义求两个数据中较小数,可定义宏:

```
#define min(A,B)  ((A)<(B)?(A): (B))
```

若程序中出现如下语句:

```
z = min(x+y,x*y)
```

则宏展开后为:

```
z = ((x+y)<(x*y)?(x+y): (x*y));
```

带参数的宏定义与函数看起来很类似,但实际上有很大的不同。切记宏定义只是简单的文本替换。

(3)条件编译命令

条件编译的作用是在源程序中划出一些片段,使预处理程序可根据条件保留或丢掉一段,或从几段中选择一段保留。实现条件编译的预处理命令有四个,分别是:

```
#if
#else
#elif
#endif
```

其中,#if 和#elif 命令以一个能静态求出整型值的表达式为参数,另外两个没有参数。条件编译命令的常见使用形式有三种。

① 形式一

```
#if 整型表达式
…… /*代码片段，条件成立时保留*/
#endif
```

② 形式二

```
#if 整型表达式
…… /*条件成立时保留*/
#else
…… /*条件不成立时保留*/
#endif
```

③ 形式三

```
#if 整型表达式
…… /*条件成立时保留*/
#elif 整型表达式
…… /*elif 部分，可以有多个*/
#elif 整型表达式
……
#else
…… /*条件都不成立时保留*/
#endif
```

其中整型表达式是预处理条件，值为 0 表示条件不成立，否则条件成立。这里常用==、!=等做判断，例如判断宏定义的符号是不是等于某个值等。

为了方便，C 语言提供了一个特殊谓词 define，其使用形式有两种：

```
define 标识符
define (标识符)
```

当标识符是有定义的宏名字时，define（标识符）将得到 1，否则得到 0。这种表达式常被作为条件编译的条件。此外还有两个预处理命令#ifdef 和 ifndef，它们相当于#if 和#define 混合的简写形式。

```
#ifdef 标识符 /*相当于#if define(标识符)*/
#ifndef 标识符 /*相当于#if !define(标识符)*/
```

1.7 UDF 使用流程

这里以一个简单的初始化案例来描述 UDF 的源代码编写、编译及加载过程。通过此案例可以熟悉 UDF 的整个使用流程。

1.7.1 Fluent 中的 Patch

Fluent 中提供了全局初始化以及局部 Patch 功能。对于整体区域的全局初始化可以采用 starndard 及 hybrid 方法进行初始化，指定各种物理量的初始分布。而对于计算域中的局部区域初始化，则可以通过 Patch 功能来实现。

在使用 Patch 方法时，首先需要对要进行 Patch 的区域进行标记。鼠标右键选择树性节点

Solution > Cell Registers，点击弹出菜单项 New→Region...可弹出区域定义对话框（图 1-4）。

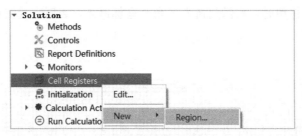

图 1-4　创建区域

可以在弹出的对话框中设置几何条件来标记（Mark）区域，如图 1-5 所示。

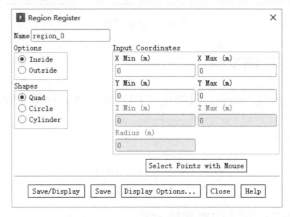

图 1-5　区域定义对话框

此对话框中可定义的形状类型在 2D 模型中只有三种：Quad、Circle 或 Cylinder。在 3D 模型中对应的是 Hex、Sphere 以及 Cylinder。对于更复杂的形状则无能为力，此时可以借助 UDF 来解决问题。

1.7.2　案例描述

如图 1-6 所示的矩形区域为计算区域，其初始温度为 300K，计算模型尺寸如图所示。

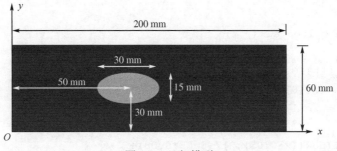

图 1-6　几何模型

图中椭圆部分为要进行初始化处理的区域，其初始温度为 500K。生成计算网格如图 1-7 所示。

> **注意** 在创建几何模型时，确保几何左下角为坐标原点，否则需要更改 UDF 程序中的椭圆中心坐标。

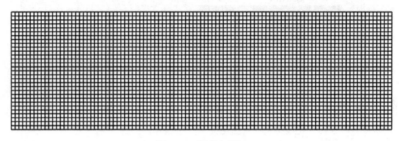

图 1-7 计算网格

1.7.3 编写 UDF 源文件

对于这种椭圆形区域的初始化，只能采用 UDF 来实现。利用 DEFINE_INIT 宏来实现这种区域的标记工作。

本案例中椭圆方程为：

$$\frac{(x-0.05)^2}{0.03^2}+\frac{(x-0.03)^2}{0.015^2}=1$$

因此可在文本编辑器中编写 UDF 代码如下：

```
#include "udf.h"
DEFINE_INIT(domainInit,d)
{
    cell_t c;
    Thread *t;
    real xc[ND_ND];
    real x;
    real y;
    thread_loop_c(t,d)
    {
        begin_c_loop_all(c,t)
        {
            C_CENTROID(xc,c,t);
            x = xc[0];
            y = xc[1];

            if(pow((x-0.05),2)/(0.03*0.03)+
                pow(y-0.03,2)/pow(0.015,2)<1)
            {
                C_T(c,t) = 500;
```

```
            }
            else
            {
                C_T(c,t)=300;
            }
        }
        end_c_loop_all(c,t)
    }
}
```

1.7.4 解释 UDF

利用鼠标右键选择模型树节点 **User Defined Functions**，点击弹出菜单项 **Interpreted…**（图 1-8），Fluent 软件会弹出 UDF 解释对话框。

图 1-8 编译 UDF 下拉菜单

在弹出的对话框中，利用 **Browse…** 按钮添加 UDF 源文件，点击 **Interpret** 按钮进行解释，见图 1-9，待解释完毕后可关闭对话框。

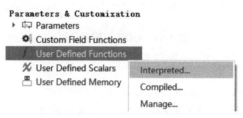

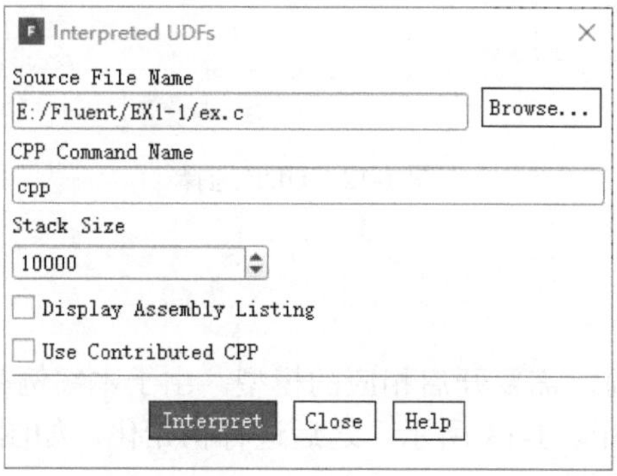

图 1-9 编译 UDF

本案例也可以采用编译的方式运行。

1.7.5 Hook UDF

UDF 编译完成后，需要将 UDF 加载到 Fluent 中。这部分工作可以通过相应的 GUI 来实现。DEFINE_INIT 宏需要在 **User Defined** 标签页下的 **Funcition Hooks…** 中进行加载，如图 1-10 所示。

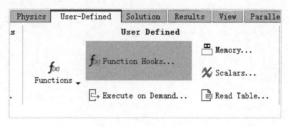

图 1-10　加载 UDF

选择此按钮后打开 UDF 加载对话框,如图 1-11 所示。选择 **Initialization** 后方的 **Edit…** 按钮,打开对话框。在对话框中选择要加载的 UDF 宏,操作顺序如图 1-12 所示。

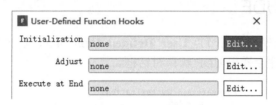

图 1-11　UDF 加载对话框

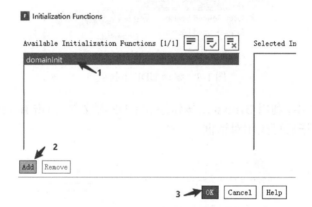

图 1-12　UDF 选择

1.7.6　查看结果

在查看初始化结果之前,需要开启相应的模型。由于本案例初始化的是温度变量,所以必须首先开启能量方程,如图 1-13 所示。之后进行初始化,如图 1-14 所示。初始化完毕后可以查看温度云图分布,见图 1-15。

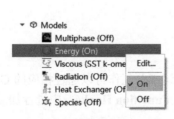

图 1-13　开启能量方程

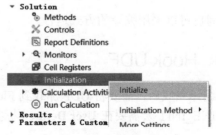

图 1-14　初始化计算

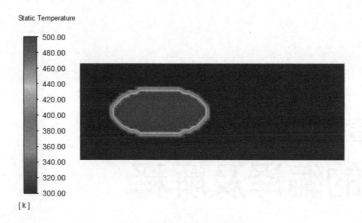

图 1-15 温度云图分布

可以看到椭圆形区域初始温度设置为 500K。按同样的道理，可以初始化任何形状的区域，只要这些区域可以用数学函数来表达。

第2章 UDF的编译及解释

Fluent 中的 UDF 可以通过编译或解释的方式加载运行。Fluent 内置了解释器，因此采用解释方式加载 UDF，无需额外安装其他程序。但如果需要编译 UDF，则需要配合第三方编译工具来实现，官方推荐 UDF 编译工具为 Microsoft Visual Studio。

2.1 解释型 UDF

解释型 UDF 不需要额外的编译器，利用 Fluent 软件自身即可解释源代码。在解释过程中，UDF 源代码被 C 预处理器解释成中间的独立于计算机体系之外的机器代码。之后在调用 UDF 的过程中，这些被解释器生成的机器代码将在内部仿真器或解释器上被执行。当然，这种以解释的方式运行无可避免地会损失计算性能。但是以解释方式运行的 UDF 有个好处：其可以不加修改地在不同体系的计算机、不同的操作系统以及不同的 Fluent 版本中运行。

当 UDF 的计算性能很重要时，建议以编译的形式运行 UDF。所有解释型 UDF 都可以以编译的方式被 Fluent 加载。

在 UDF 被解释后保存 cas 文件，之后再打开 cas 文件时，UDF 能够直接被加载，而无需重新解释。

2.1.1 解释型 UDF 的局限性

解释型 UDF 的最大优势是一次解释，到处可以执行，能够跨平台、跨架构、跨操作系统、跨版本。但是解释型 UDF 也存在其局限性，主要体现在：

① 无法使用 goto 语句；
② 只支持 ANSI-C 语法；
③ 不支持直接数据结构引用（direct data structure references）；
④ 不支持局部结构声明；
⑤ 不支持联合体；
⑥ 不支持指向函数的指针；
⑦ 不支持函数数组。

在访问 Fluent 求解器数据的方式上解释型 UDF 也有限制。解释型 UDF 不能直接访问存储在 Fluent 结构中的数据。它们只能通过使用 Fluent 提供的宏间接地访问这些数据。另一方面，编译型 UDF 没有任何 C 编程语言或其他求解器数据结构的限制。

2.1.2 在 Fluent 中解释 UDF

在 Fluent 中解释 UDF 非常简单。通常可采用以下步骤。

步骤 1：确保 UDF 源文件与 cas 文件在同一目录下。

需要说明的是，在网络式多机并行 Fluent 中，用户必须共享包含 udf 源文件、cas 文件以及 data 文件的文件夹。具体共享方法为：鼠标右键选择要共享的工作文件夹，选择弹出菜单 **Sharing and Security**，并选择 **Share this folder**。

步骤 2：如图 2-1 所示，鼠标右键选择模型树节点 **Parameters&Customization→User Defined Functions**，选择子菜单 **Interpreted**..（见图 2-1），弹出如图 2-2 所示的对话框。

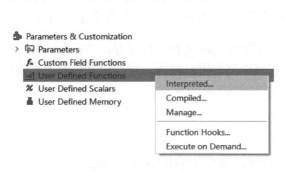
图 2-1　解释 UDF

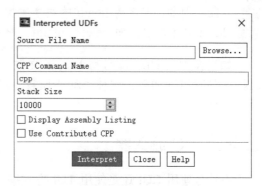
图 2-2　UDF 解释对话框

步骤 3：在对话框中选择按钮 **Browse...**，在弹出的文件选择对话框中选择 UDF 源文件。对话框中的其他参数一般情况下可保持默认设置。

步骤 4：点击按钮 **Interpret** 解释源文件。源文件解释过程中，TUI 窗口会有解释信息。若有错误，会出现错误信息。

步骤 5：**加载解释后的 UDF**。当源代码被解释后，在相应的 GUI 窗口中就可以看到被解释的 UDF 了，此时可以选择使用。

2.2 编译型 UDF

编译型 UDF 的构建方式与 ANSYS Fluent 可执行文件自身的构建方式相同。在代码构建过程中，其利用一个名为 Makefile 的脚本文件来调用 C 编译器构建一个目标代码库。该对象库与其编译过程中所使用的 Fluent 版本及计算机体系结构相关。因此，若改变了计算机操作系统或 Fluent 版本，UDF 对象库必须重新构建。UDF 的编译过程通常涉及源代码的编译和加载两个步骤。

编译/构建过程需要一个或多个 UDF 的源文件（例如 myudf.c），并将它们编译成对象文件（例如 myudf.o 或 myudf.obj），之后将其构建成一个共享库（例如 libudf.dll）与目标文件。

如果使用 GUI 方式编译源文件，则当用户单击"Compiled UDF"对话框中的"Build"按钮时，将执行编译/构建过程。Fluent 软件将自动为用户基于在该会话期间运行的 ANSYS Fluent 的体系结构和版本（例如 hpux11/2d）构建用户命名的共享库（例如 libudf），并存储 UDF 对象文件。

如果使用 TUI 方式编译源文件，则首先必须设置共享库的目标文件夹，同时修改名为 Makefile 的脚本文件以指定源参数，然后执行 Makefile 文件实现源代码的编译与构建。使用 TUI 方式编译 UDF 具有允许从非 ANSYS Fluent 源文件派生的预处理对象文件链接到 ANSYS Fluent 的诸多优点，这些功能用 GUI 编译无法实现。

构建共享库（使用 TUI 或 GUI）后，将 UDF 库加载到 ANSYS Fluent 中，然后再使用它。可以使用"Compiled UDFs"对话框中的"Load"按钮来执行此操作。加载完成后，共享库中包含的所有已编译的 UDF 将在 ANSYS Fluent 的图形对话框中变为可见和可选。

编译的 UDF 显示在 ANSYS Fluent 对话框中，相关联的 UDF 库名称由两个冒号"::"分隔。例如，与名为 libudf 的共享库相关联的名为 rrate 的编译 UDF 将出现在 ANSYS Fluent 对话框中，如 rrate::libudf。此名称可以区分解释型 UDF 和编译型 UDF。

如果在加载 UDF 库时写入 case 文件，则库将与 case 文件一起保存，并在之后读取该 case 文件时自动加载。这种"动态加载"过程可以节省用户每次运行模拟时重新加载编译库的时间。

2.2.1 C 编译器

不管是使用 GUI 还是使用 TUI 方式编译 UDF，都需要使用本机运行的操作系统以及 C 编译器。大多数的 Linux 操作系统上都已经集成了 C 编译器，但是如果是在 Microsoft Windows 系统上编译 UDF，则在编译之前必须确保本机上已经安装了 MicroSoft Visual Studio。对于 Linux 机器，ANSYS Fluent 支持任意符合 ANSI 标准的 C 编译器（如 GCC）。

在进行 UDF 编译之前，需要设置编译环境，这通常可以通过修改 UDF.bat 文件来实现。如图 2-3 所示。

2.2.2 GUI 方式编译 UDF

利用 GUI 方式编译 UDF 源文件、构建共享库以及加载 UDF 库到 Fluent 中，可以采用以下步骤。

在 Windows 系统下编译 UDF，必须预先安装 Visual Studio。在安装 Visual Studio 时，确保选择安装 C++语言，这样才会安装 C 编译器。

步骤 1：确保要编译的 UDF 源文件与 cas 和 dat 文件在同一工作路径下。
步骤 2：读取（或创建）case 文件。
步骤 3：打开 Compiled UDFs 对话框，如图 2-4 所示。可通过树形菜单 **Parameters & Customization→User Defined Functions→Compiled...** 启动该对话框。
步骤 4：在 Compiled UDF 对话框中点击按钮 **Add...** 添加源文件和头文件。

第1部分 UDF程序设计

图 2-3　Fluent 环境设置

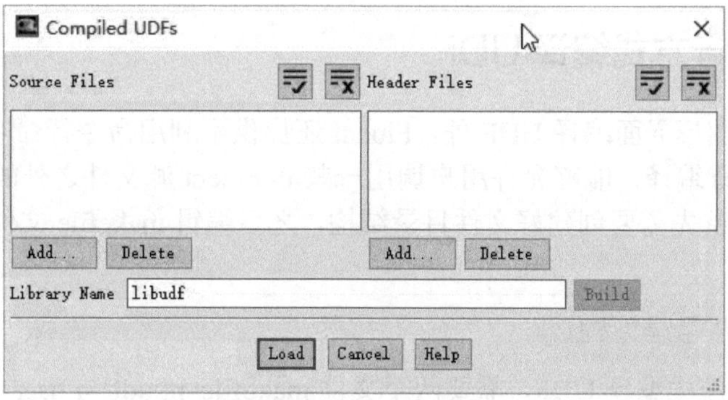

图 2-4　编译对话框

步骤 5：在 **Library Name** 后的文本框中输入共享库的名称，之后点击 **Build** 按钮构建共享库。其间会弹出如图 2-5 所示的提示对话框。可以选择无视，点击 **OK** 按钮继续。

编译完成后会在 TUI 窗口出现如图 2-6 所示的对话框。仔细检查提示信息，没有出现 error 则表示编译成功。图中出现有乱码，不知道是从 Fluent 哪个版本开始就出现这种情况，可以不用管。

步骤 6：点击 **Load** 按钮加载 UDF。如果没有错误，加载完 housing 会在 TUI 窗口中出现如图 2-7 所示的对话框，其中会显示 UDF 宏名称，如图中所示的 velocity 和 domainInit。

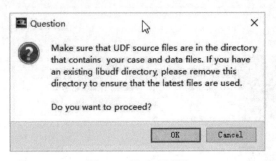

图 2-5 提示对话框

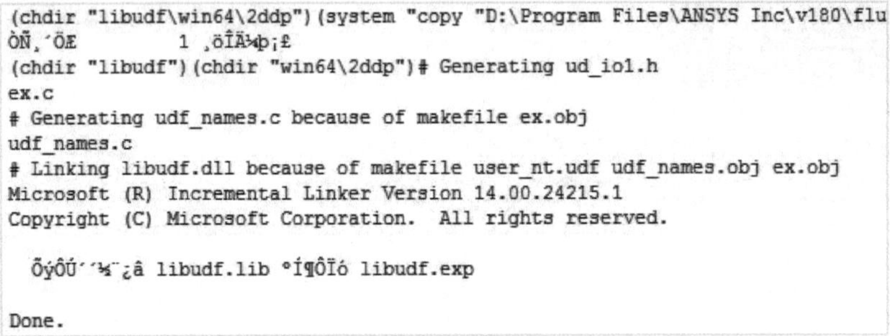

```
(chdir "libudf\win64\2ddp")(system "copy "D:\Program Files\ANSYS Inc\v180\flu
ÒÑ¸'ÖÆ    1 ¸öÎÄ¼þ¡£
(chdir "libudf")(chdir "win64\2ddp")# Generating ud_io1.h
ex.c
# Generating udf_names.c because of makefile ex.obj
udf_names.c
# Linking libudf.dll because of makefile user_nt.udf udf_names.obj ex.obj
Microsoft (R) Incremental Linker Version 14.00.24215.1
Copyright (C) Microsoft Corporation.  All rights reserved.

  õýÔÚ´´½¨ libudf.lib °ÍÇÔÎÏó libudf.exp

Done.
```

图 2-6 提示信息

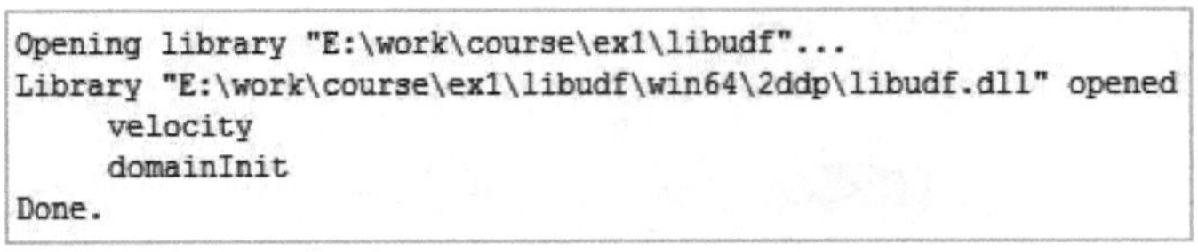

```
Opening library "E:\work\course\ex1\libudf"...
Library "E:\work\course\ex1\libudf\win64\2ddp\libudf.dll" opened
     velocity
     domainInit
Done.
```

图 2-7 编译完成信息

2.2.3 命令行方式编译 UDF

除了可以利用图形界面编译 UDF 外，Fluent 还提供了利用命令行命令的方式编译 UDF。利用命令行方式进行编译，能够允许用户调用一些非 Fluent 源文件之外的库文件。采用该方式编译 UDF，通常首先需要创建好文件目录结构，之后编辑 makefile 文件，利用 makefile 文件编译源文件。

（1）创建文件目录结构

在 Windows 系统中编译 UDF，需要两个文件 makefile_nt.udf 与 user_nt.udf。特别重要的是在 user_nt.udf 文件中指定源文件编译参数。构建文件目录结构采用以下步骤：

步骤 1：在当前工作目录下，创建新的文件夹存储 UDF 库，例如创建文件夹 libudf。
步骤 2：在 libudf 文件夹下创建新的文件夹，命名为 **src**。
步骤 3：将所有 UDF 源文件放入 src 文件夹中。
步骤 4：在 libudf 文件夹下创建架构文件夹。如 64bit Windows 操作系统，则创建 win64 文件夹，路径为 libudf\win64。
步骤 5：在架构文件（libudf\win64）下创建 Fluent 版本文件夹。如是单精度 2d 版本，则创建文件夹 2d。一些版本信息如表 2-1 所示。文件路径如图 2-8 所示。

表 2-1 版本及对应的文件夹

版本信息	文件夹名
单精度 2d	2d
单精度 3d	3d
双精度 2d	2ddp
双精度 3d	3ddp
单精度并行 2d	2d_node 及 2d_host
单精度并行 3d	3d_node 及 3d_host
双精度并行 2d	2ddp_node 及 2ddp_host
双精度并行 3d	3ddp_node 及 3ddp_host

图 2-8 文件路径

> 注意：在编译并行 UDF 时，需要创建两个版本文件夹。

步骤 6：从 Fluent 安装路径中（如 c:\ANSYS Inc\v180\fluent\fluent18.0.0\src\udf）拷贝文件 user_nt.udf 到所有的版本子文件夹中（如 libudf\win64\3d）。

步骤 7：从 Fluent 安装路径中（如 c:\ANSYS Inc\v180\fluent\fluent18.0.0\src\udf）拷贝文件 makefile_nt.udf 到所有的版本子文件夹中（如 libudf\win64\3d），并改名为 makefile。

> 注意：若在 Fluent 外部编译 UDF，则需要添加环境变量 FLUENT_INC、FLUENT_ARCH 到 user_nt.udf 文件中。

Linux 环境下的文件目录设置与此有些许差异。

（2）编译文件

当文件目录设置完毕并且所有文件已经放置到指定位置后，就可以利用 TUI 来编译及构建 UDF 共享库。在 Windows 系统中，采用以下步骤：

步骤 1：修改 user_nt.udf 文件。修改文件中的四个参数：CSOURCES、HSOURCES、VERSION 以及 PARALLEL_NODE。user_nt.udf 文件内容类似图 2-9 所示。

CSOURCES=：指定要编译的 UDF 源文件。在所有文件名前面加上前缀$(SRC)。多个文件可以连着写，如"(SRC)udfexample1.c(SRC)udfexample2.c"。

HSOURCES=：指定要编译的 UDF 头文件。同样在所有文件名前面加上$(SRC)前缀。多个文件可以连着写，如"(SRC)udfexample1.h(SRC)udfexample2.h"。

图 2-9 文件内容

VERSION=：运行的求解器版本信息，与 user_nt.udf 文件所在文件夹保持一致。可输入的版本信息包括 2d、3d、2ddp、3ddp、2d_host、2d_node、3d_host、3d_node、2ddp_host、2ddp_node、3ddp_host, or 3ddp_node。

PARALLEL_NODE=：指定并行通信库。指定为 None 表示采用串行，其他并行包括：ibmmpi（利用 IBM MPI 并行）、intel（利用 intel MPI 并行）以及 msmpi（利用微软 MPI）。在并行计算中需要同时设置 host 及 node 文件夹下的 user_nt.udf 文件。

步骤 2：利用 Visual Studio 命令行界面进入每一个版本文件夹（如 libudf\win64\2d），输入 nmake 执行编译操作。若编译存在问题，可以在修改源文件后通过执行 nmake clean 及 nmake 重新编译。

2.2.4 GCC 方式编译 UDF

（1）下载并安装 GCC

Fluent UDF 编译之所以需要依赖 Visual Studio，主要原因是因为 Fluent 并未内置任何 C 编译器。当前用于 C/C++的编译器较多，除了微软的 MSVC（就是集成在 Visual Studio 中的编译器），比较有名的还有 GCC/G++（基于 GNU 的 C/C++编译器，在 Linux 系统下很流行）、ICC（Intel 的 C/C++编译器，针对 Intel 体系有特别优化）、Clang（近几年风头很火的 C/C++编译器，基于 BSD 协议）、IBM XL C++（IBM 的编译器，在 IBM 硬件及平台上表现优异）等。

Fluent UDF 实质上也是一段完整的 C 代码，编译型 UDF 需要利用编译器将这段代码编译成动态链接库（.dll），方便在运行时加载。因此理论上来说任何一款完善的 C/C++编译器都可以胜任这项工作。

GCC 是 Linux 的主力 C/C++编译工具，在 Windows 系统下也有一些基于 GCC 的编译工具，比较典型的如 MinGW、MinGW-win64 及 TDM-GCC 等。

下面描述采用 TDM-GCC 作为 Fluent UDF 编译器的基本过程。

进入 TDM-GCC 官网下载软件。根据操作系统选择不同版本的 tdm-gcc 进行下载，见图 2-10。本书下载 tdm64-gcc-5.1.0-2.exe。

TDM-GCC 的安装较为简单，双击后一路 Next 即可。

安装完毕后，可打开命令提示符窗口或 PowerShell，在其中输入 g++，若显示如图 2-11 所示信息，表示安装成功。若出现 g++不是内部或外部命令之类的提示，则表示未安装好，此时可能需要将 TDM-GCC 的安装路径添加到环境变量 Path 中。

在 TDM-GCC 安装文件夹中找到可执行文件 gendef.exe 所在路径，如本机安装路径为 D:\TDM-GCC-64\x86_64-w64-mingw32\bin，将该路径添加到环境变量的 Path 中，如图 2.12 所示。

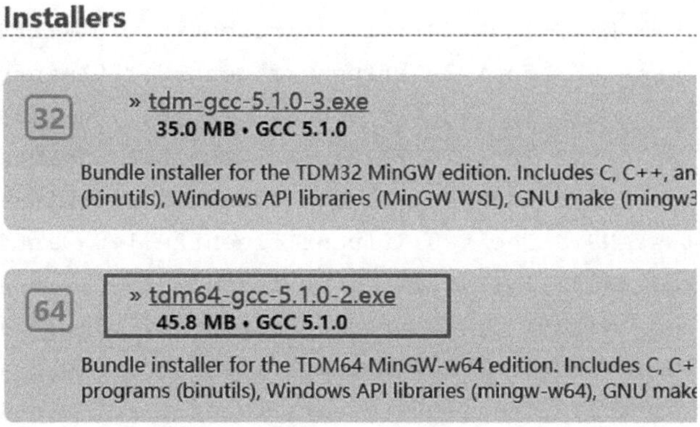

第1部分 UDF程序设计

图 2-10 下载位置

图 2-11 测试 GCC 的安装

图 2-12 添加环境变量

> **注意** 添加环境变量的目的只是为了方便后面调用。不添加的话后面调用时需要使用 gendef.exe 的完整路径。

（2）生成库文件

① 命令行中利用 cd 命令进入到 Fluent 的库文件目录。这些文件夹包含 C:\Program Files\ANSYS Inc\v201\fluent\fluent20.1.0\win64\下的所有文件夹以及 C:\Program Files\ANSYS Inc\v201\fluent\fluent20.1.0\multiport\win64 下的所有文件夹。

这些文件夹如下：

```
C:\Program Files\ANSYS Inc\V201\fluent\fluent20.1.0\win64\2d
C:\Program Files\ANSYS Inc\V201\fluent\fluent20.1.0\win64\2d_host
C:\Program Files\ANSYS Inc\V201\fluent\fluent20.1.0\win64\2d_node
C:\Program Files\ANSYS Inc\V201\fluent\fluent20.1.0\win64\2ddp
C:\Program Files\ANSYS Inc\V201\fluent\fluent20.1.0\win64\2ddp_host
C:\Program Files\ANSYS Inc\V201\fluent\fluent20.1.0\win64\2ddp_node
C:\Program Files\ANSYS Inc\V201\fluent\fluent20.1.0\win64\3d
C:\Program Files\ANSYS Inc\V201\fluent\fluent20.1.0\win64\3d_host
C:\Program Files\ANSYS Inc\V201\fluent\fluent20.1.0\win64\3d_node
C:\Program Files\ANSYS Inc\V201\fluent\fluent20.1.0\win64\3ddp
C:\Program Files\ANSYS Inc\V201\fluent\fluent20.1.0\win64\3ddp_host
C:\Program Files\ANSYS Inc\V201\fluent\fluent20.1.0\win64\3ddp_node
C:\Program Files\ANSYS Inc\V201\fluent\fluent20.1.0\multiport\win64\mpi\shared
C:\Program Files\ANSYS Inc\V201\fluent\fluent20.1.0\multiport\win64\net\shared
```

以 2d 文件夹为例，利用以下命令生成 def 文件：

```
cd "C:\Program Files\ANSYS Inc\v201\fluent\fluent20.1.0\win64\2d"
gendef fl2010.exe
```

然而有时候会出错，出现如图 2-13 所示提示，主要原因在于文件权限所致。

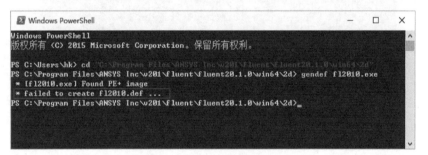

图 2-13　创建 def 文件错误提示

> **注意**　这里 ANSYS 安装到了系统盘 C 盘，由于 Win10 系统对 C 盘的保护，默认情况下系统盘中的文件夹是没有写操作权限的。而这里需要在当前文件夹中创建 def 文件，因此会操作失败。若 ANSYS 安装在非系统盘，则不会出现这个问题。

解决权限问题后生成 def 文件如图 2-14 所示。

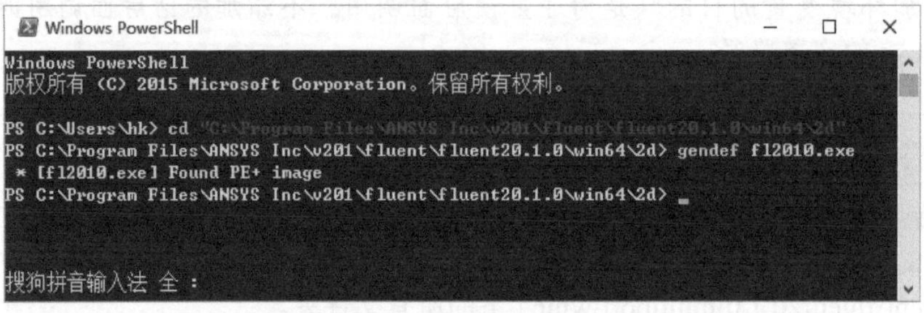

图 2-14　创建 def 文件成功

② 运行以下命令生成 a 文件，如图 2-15 所示。

```
dlltool --dllname fl2010.exe --def fl2010.def --output-lib fl2010.a
```

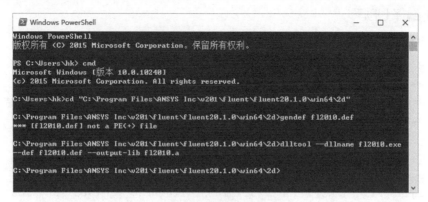

图 2-15　创建 a 文件

> 注意：这里需要花费较长时间。

此时 2d 文件夹下多出了一个文件名为 fl2010.a 的文件，如图 2-16 所示。

图 2-16　生成新文件

③ 对 win64 文件夹中的所有子文件夹执行上面的操作。确保所有 win64 文件夹中的子文件中均包含有 def 文件及 a 文件。

需要注意，对于以下文件目录：

```
c: \Program Files\ANSYS Inc\v201\fluent\fluent20.1.0\win64\2d_node
c: \Program Files\ANSYS Inc\v201\fluent\fluent20.1.0\win64\2ddp_node
c: \Program Files\ANSYS Inc\v201\fluent\fluent20.1.0\win64\3d_node
c: \Program Files\ANSYS Inc\v201\fluent\fluent20.1.0\win64\3ddp_node
```

使用命令：

```
gendef fl_mpi2010.exe
dlltool --dllname fl_mpi2010.exe --def fl_mpi2010.def --output-lib fl_mpi2010.a
```

对于以下路径：

```
c: \Program Files\ANSYS Inc\v201\fluent\fluent20.1.0\multiport\win64\mpi\shared
c: \Program Files\ANSYS Inc\v201\fluent\fluent20.1.0\multiport\win64\net\shared
```

使用命令：

```
gendef mport.dll
dlltool --dllname mport.dll --def mport.def --output-lib mport.a
```

(3) 编译 UDF

编译 UDF 所需的头文件如下：

```
c: \Program Files\ANSYS Inc\v201\fluent\fluent20.1.0\win64\2d
c: \Program Files\ANSYS Inc\v201\fluent\fluent20.1.0\src\main
c: \ Program Files\ANSYS Inc\v201\fluent\fluent20.1.0\src\addon-wrapper
c: \Program Files\ANSYS Inc\v201\fluent\fluent20.1.0\src\io
c: \Program Files\ANSYS Inc\v201\fluent\fluent20.1.0\src\species
c: \Program Files\ANSYS Inc\v201\fluent\fluent20.1.0\src\pbns
c: \Program Files\ANSYS Inc\v201\fluent\fluent20.1.0\src\numerics
c: \Program Files\ANSYS Inc\v201\fluent\fluent20.1.0\src\sphysics
c: \Program Files\ANSYS Inc\v201\fluent\fluent20.1.0\src\storage
c: \Program Files\ANSYS Inc\v201\fluent\fluent20.1.0\src\mphase
c: \Program Files\ANSYS Inc\v201\fluent\fluent20.1.0\src\bc
c: \Program Files\ANSYS Inc\v201\fluent\fluent20.1.0\src\models
c: \Program Files\ANSYS Inc\v201\fluent\fluent20.1.0\src\material
c: \Program Files\ANSYS Inc\v201\fluent\fluent20.1.0\src\amg
c: \Program Files\ANSYS Inc\v201\fluent\fluent20.1.0\src\util
c: \Program Files\ANSYS Inc\v201\fluent\fluent20.1.0\src\mesh
c: \Program Files\ANSYS Inc\v201\fluent\fluent20.1.0\src\udf
c: \Program Files\ANSYS Inc\v201\fluent\fluent20.1.0\src\ht
c: \Program Files\ANSYS Inc\v201\fluent\fluent20.1.0\src\dx
c: \Program Files\ANSYS Inc\v201\fluent\fluent20.1.0\src\turbulence
c: \Program Files\ANSYS Inc\v201\fluent\fluent20.1.0\src\parallel
c: \Program Files\ANSYS Inc\v201\fluent\fluent20.1.0\src\etc
c: \Program Files\ANSYS Inc\v201\fluent\fluent20.1.0\src\ue
c: \Program Files\ANSYS Inc\v201\fluent\fluent20.1.0\src\dpm
c: \Program Files\ANSYS Inc\v201\fluent\fluent20.1.0\src\dbns
C: \Program Files\ANSYS Inc\v201\fluent\fluent20.1.0\src\acoustics
c: \Program Files\ANSYS Inc\v201\fluent\fluent20.1.0\cortex\src
c: \Program Files\ANSYS Inc\v201\fluent\fluent20.1.0\client\src
c: \Program Files\ANSYS Inc\v201\fluent\fluent20.1.0\tgrid\src
c: \Program Files\ANSYS Inc\v201\fluent\fluent20.1.0\multiport\src
c: \Program Files\ANSYS Inc\v201\fluent\fluent20.1.0\multiport\mpi_wrapper\src
```

进入 UDF 源代码所在路径，如 E: \demo。执行以下命令：

```
cd e: \demo
mkdir .\libudf\win64\2d
gcc -shared -o .\libudf\win64\2d\libudf.dll demo.c "c: \Program Files\ANSYS Inc\v201\fluent\fluent20.1.0\win64\2d\fl2010.a" -I. -I"c: \Program Files\ANSYS Inc\v201\fluent\fluent20.1.0\win64\2ddp" -I"c: \Program Files\ANSYS Inc\v201\fluent\fluent20.1.0\src\main" -I"c: \Program Files\ANSYS Inc\v201\fluent\fluent20.1.0\src\addon-wrapper" -I"c: \Program Files\ANSYS Inc\v201\fluent\
```

```
fluent20.1.0\src\io" -I"c: \Program Files\ANSYS Inc\v201\fluent\fluent20.1.0\
src\species" -I"c: \Program Files\ANSYS Inc\v201\fluent\fluent20.1.0\src\pbns"
-I"c: \Program Files\ANSYS Inc\v201\fluent\fluent20.1.0\src\numerics" -I"c: \
Program Files\ANSYS Inc\v201\fluent\fluent20.1.0\src\sphysics" -I"c: \Program
Files\ANSYS Inc\v201\fluent\fluent20.1.0\src\storage" -I"c: \Program Files\ANSYS
Inc\v201\fluent\fluent20.1.0\src\mphase" -I"c: \Program Files\ANSYS Inc\v201\
fluent\fluent20.1.0\src\bc" -I"c: \Program Files\ANSYS Inc\v201\fluent\
fluent20.1.0\src\models" -I"c: \Program Files\ANSYS Inc\v201\fluent\
fluent20.1.0\src\material" -I"c: \Program Files\ANSYS Inc\v201\fluent\
fluent20.1.0\src\amg" -I"c: \Program Files\ANSYS Inc\v201\fluent\fluent20.1.0\
src\util" -I"c: \Program Files\ANSYS Inc\v201\fluent\fluent20.1.0\src\util" -I"
c: \Program Files\ANSYS Inc\v201\fluent\fluent20.1.0\src\mesh" -I"c: \Program
Files\ANSYS Inc\v201\fluent\fluent20.1.0\src\udf" -I"c: \Program Files\ANSYS
Inc\v201\fluent\fluent20.1.0\src\ht" -I"c: \Program Files\ANSYS Inc\v201\fluent\
fluent20.1.0\src\dx" -I"c: \Program Files\ANSYS Inc\v201\fluent\fluent20.1.0\
src\turbulence" -I"c: \Program Files\ANSYS Inc\v201\fluent\fluent20.1.0\src\
parallel" -I"c: \Program Files\ANSYS Inc\v201\fluent\fluent20.1.0\src\etc" -I"c:
\Program Files\ANSYS Inc\v201\fluent\fluent20.1.0\src\ue" -I"c: \Program
Files\ANSYS Inc\v201\fluent\fluent20.1.0\src\dpm" -I"c: \Program Files\ANSYS
Inc\v201\fluent\fluent20.1.0\src\dbns" -I"c: \Program Files\ANSYS Inc\v201\
fluent\fluent20.1.0\cortex\src" -I"c: \Program Files\ANSYS Inc\v201\fluent\
fluent20.1.0\client\src" -I"c: \Program Files\ANSYS Inc\v201\fluent\
fluent20.1.0\tgrid\src" -I"c: \Program Files\ANSYS Inc\v201\fluent\
fluent20.1.0\multiport\src" -I"c: \Program Files\ANSYS Inc\v201\fluent\
fluent20.1.0\multiport\mpi_wrapper\src" -I"C: \Program Files\ANSYS Inc\v201\
fluent\include" -I"C: \Program Files\ANSYS Inc\v201\fluent\fluent20.1.0\src\
acoustics"
```

若要编译并行版，则需要创建两个文件夹，如 2d 并行版需要创建文件夹 2d_host 与 2d_node。

编译完成后在相应文件夹中生成 libudf.dll 文件，如图 2-17 所示。

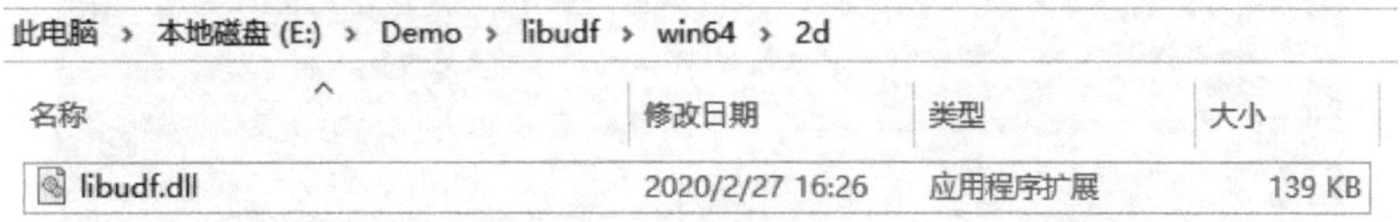

图 2-17 编译完成

2.3 设置 UDF 环境变量

在 Windows 操作系统下编译 UDF 之前需要设置环境变量，否则 Fluent 找不到 C 编译器。Fluent 通过修改 udf.bat 文件中 Microsoft Visual Studio 的安装路径来实现环境变量的设置。

启动 Fluent 软件后，可以在 **Environment** 标签页下找到 udf.bat 的绝对路径，如图 2-18 所示。

图 2-18　环境设置

通过文本编辑器打开 udf.bat 文件，如图 2-19 所示，将 MSVC_DEFAULT 变量指定为 Microsoft Visual Studio 的安装路径即可。

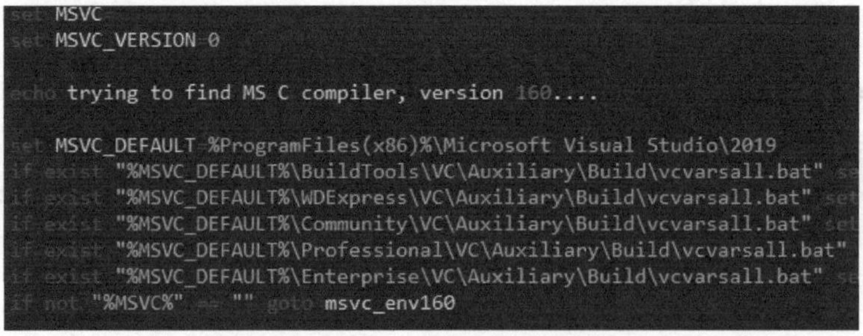

图 2-19　设置环境变量

> **注意**　若 Microsoft Visual Studio 采用的是默认路径安装（如 Microsoft Visual Studio 2019 安装在路径 c: \ProgramFiles(x86)\Microsoft Visual Studio\2019 下），则无需修改 udf.bat 文件。

2.4 UDF 中的网格结构

Fluent 中的网格结构如图 2-20 所示。一些网格相关术语见表 2-2。

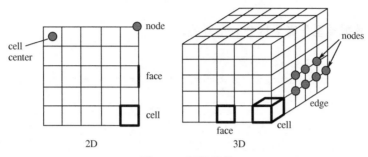

图 2-20 网格结构

表 2-2 网格相关术语

术语	说明	术语	说明
node	网格节点	cell	网格单元，控制体
node thread	网格节点集合	cell center	网格中心
edge	网格边	cell thread	网格单元集合
face	网格面	domain	网格节点、网格面以及网格单元的集合
face thread	网格面集合		

2.5 UDF 中的数据类型

UDF 中除了可以使用标准的 C 和 C++语言数据类型（如 int、double、float 等）外，还可以使用 Fluent 特定的一些数据类型。比较常用的 Fluent 数据类型如下。

（1）Node

结构体数据类型，存储网格节点相关数据。

（2）face_t

整型数据类型，用于标识特定的网格面。

（3）Thread

结构体数据类型，用于存储所代表的单元格组或面所共有的数据。在 Thread 数据类型中，包含有一个指针数组（storage），其每个指针指向特定场变量（如压力、速度或梯度）的网格单元或网格面数组。在指针数组中，用于标识特定场变量数组指针的索引类型为 Svar。在多相流问题中，每一相及混合相都有一个单独的 Thread 结构。

（4）Svar

用于标识 Thread 存储中的指针的索引。该索引变量的所有可取值都在文件 src/storage/

storage.h 中采用枚举类型进行了定义。

(5) Domain

结构体数据类型,其中存储了节点、网格面以及网格单元数据。对于单相流应用,只有一个 Domain 结构,而对于多相流应用,则每一相以及混合相都具有各自独立的 Domain 结构。

> 注意：Fluent 数据类型是需要区分大小写的。

第3章 UDF数据访问宏

UDF程序编写的核心内容在于数据如何获取？数据如何转换？数据如何返回？Fluent提供了众多的数据访问宏来实现这三个功能。主要包括：

① 数据访问宏　主要功能为获取求解器中的数据，如得到单元中的温度、压力、速度等物理量。

② 循环控制宏　主要提供遍历搜索功能，如设置边界条件数据，则需要利用循环控制宏遍历所有的边界面。

③ 向量及标量操作宏　主要提供一些向量及标量的运算操作。

④ 输入输出功能　提供与外部数据交互的能力。

数据访问宏的内容很多，包括各种节点数据、网格单元数据、网格面数据、网格链接关系数据、索引数据、时间相关数据、物性数据等。

3.1 数据访问宏

3.1.1 节点数据访问宏

节点数据访问宏获取节点信息，如获取节点 x、y、z 三方向坐标，或获取网格面上的节点数量。

（1）获取节点位置信息

获取节点位置包括三个宏，它们在头文件 metric.h 中被定义。这些宏包括 NODE_X，NODE_Y，NODE_Z，具体见表3-1。

表3-1　获取节点位置宏

宏	参数类型	返回值
NODE_X	Node *node	返回 node 的 x 坐标，real 类型
NODE_Y	Node *node	返回 node 的 y 坐标，real 类型
NODE_Z	Node *node	返回 node 的 z 坐标，real 类型

说明：此宏使用很简单，不过在使用之前需要定义变量 Node *v，然后在循坏体中利用宏 F_NODE 获取节点，之后直接应用宏 NODE_X(v)获取节点 v 的 x 坐标。

如下程序片段取自 DEFINE_GRID_MOTION 宏：

```
{
    Node *v;
    int n;
    face_t f;
    Thread *tf = DT_THREAD(dt);
    begin_f_loop(f,tf)
      {
        f_node_loop(f,tf,n)
          {
              v=F_NODE(f,tf,n);
              if(NODE_X(v)>0.2)
                {
                    ...
                }
          }
      }
    end_f_loop(f,tf);
}
```

（2）获取面上节点数量

宏 F_NNODES 可用来获取面上节点的数量信息，该宏在头文件 mem.h 中定义，具体信息见表 3-2。

表 3-2　获取面上节点数量宏

宏	参数类型	返回值
F_NNODES(f,t)	face_t f,Thread *t	返回 face 上的节点数量，int 类型

节点宏的使用非常简单，均采用直接返回值的形式进行调用。使用时直接在面循环体内调用即可，也可以在 cell 循环体内使用，如下面的程序片段。

```
{
    int number;
    face_t f;
    Thread *tf = DT_THREAD(dt);
    begin_f_loop(f,tf)
    {
        number = F_NNODES(f,tf);
    }
    end_f_loop(f,tf);
}
```

网格信息访问宏大多数放置在 mem.h 头文件中，更多关于节点访问的宏可以在此文件中找到。

3.1.2 面数据获取宏

这些面相关宏定义在头文件 metric.h 及 mem.h 中，并且所有的宏均以 F_ 作为前缀。

> **注意** 面数据获取宏只能用于压力基求解器，并且一些与模型相关的宏，只在当模型被开启后才有效。

Fluent 的数据以分层方式保存，如图 3-1 所示。最顶层为 domain，其下为 cell，再下为 face，底层数据为 node。在访问过程中，也是从上往下逐层访问，采用循环遍历的方式。

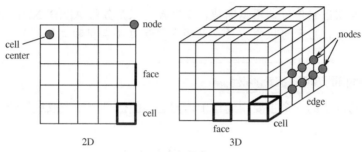

图 3-1 网格结构

（1）F_CENTROID 宏

F_CENTROID 宏用于网格面心坐标。

宏调用形式：F_CENTROID(x, f, t)。

宏参数：real x[ND_ND], face_t f, Thread *t。

参数值获取：通过 x 数组获得。

此宏通过参数返回值，是典型的传址调用。一个简单的代码示例如下：

```
{
/*定义数组接收坐标参数*/
    real x[ND_ND];
    real y;
    face_t f;
    begin_f_loop(f,t)
      {
       F_CENTROID(x,f,t);
       y = x[1];
       ...
      }
    end_f_loop(f,t)
}
```

（2）F_AREA 宏

F_AREA 宏用于获取网格面的法向向量。在一些求通过某些面的物理量分量时非常有用。

在 ANSYS Fluent 中，边界面的法向通常指向计算域的外部。对于内部面的法向方向，通常利用节点排序采用右手定则进行确定。A[0]返回 X 方向投影面积。

宏调用形式：F_AREA(A, f, t)。
宏参数：real A[ND_ND]，face_t f，Thread *t。
参数值获取：通过 A 数组获得。
一个简单的代码片段如下：

```
{
    real NV_VEC(A); /*定义向量A*/
    F_AREA(A, f, t);
}
```

> **注意** F_AREA 宏通过传址调用返回值，参数 A 可以是数组 A[ND_ND]，也可以是向量。如果定义为向量，后面可以很方便地利用向量运算（点积和叉积等）。

（3）边界面的流动参数访问宏

边界面参数访问宏的一个主要用途在于访问边界面信息，如获取边界速度、压力、温度等，如表 3-3 所示。

表 3-3　边界面参数访问宏

宏定义	参数类型	返回值
F_U(f,t)	face_t f,Thread *t	返回 u 方向速度
F_V(f,t)	face_t f,Thread *t	返回 v 方向速度
F_W(f,t)	face_t f,Thread *t	返回 w 方向速度
F_T(f,t)	face_t f,Thread *t	返回面上的温度
F_H(f,t)	face_t f,Thread *t	返回面上的焓
F_K(f,t)	face_t f,Thread *t	返回面上的湍动能
F_D(f,t)	face_t f,Thread *t	返回面上的湍动能耗散率
F_YI(f,t,i)	face_t f,Thread *t,int i	返回组分质量分数

这些宏的返回值均为 real 型。采用返回值的形式获取参数。如下代码片段：

```
real temperature;
temperature = F_T(f,t);
```

需要注意，这些宏只有在激活了相应的模型后才有效。如获取湍动能参数宏 F_K(f,t)，只有当激活了湍流模型后才可以使用。

（4）可用于获取内部面参数的宏

有一些宏既可以访问边界面上数据，也可以访问内部面上的数据。比较常用的宏为 F_P 及 F_FLUX，见表 3-4。

表 3-4　获取内部面参数的宏

宏定义	参数类型	返回值
F_P(f,t)	face_t f, Thread *t	返回面上压力值，real 类型
F_Flux(f,t)	face_t f, Thread *t	返回通过面的质量流量，real 类型

获取内部面参数的宏的使用方法与前面边界面参数宏的使用方法类似。

3.1.3 单元数据访问宏

单元数据要比节点数据复杂得多。与节点数据仅仅存储节点坐标不同，单元数据中不仅包含单元中心节点等，还包含各种物理量数据。单元数据访问宏返回网格单元内的信息。大部分的单元宏在头文件 metric.h 中定义，这类的宏均以 C_ 作为前缀。

（1）C_CENTROID

宏 C_CENTROID 用于获取网格单元中心坐标。

宏调用形式：C_CENTROID(x,c,t)。

宏参数：real x[ND_ND], cell_t c, Thread *t。

数据返回：以参数 x 传址调用返回。

该宏以参数作为返回值，因此需要事先通过 real x[ND_ND] 定义参数 x。程序片段如下：

```
{
    cell_t c;
    real x[ND_ND];
    real y;
    thread_loop_c(t,d)
    {
        begin_c_loop_all(c,t)
        {
            C_CENTROID(x,c,t);
            y = x[1];
            ...
        }
    }
}
```

（2）C_VOLUME

C_VOLUME 宏用于获取网格单元体积。

宏调用形式：C_VOLUME(c,t)。

宏参数：cell_t c, Thread *t。

数据返回：返回 real 值。

```
{
    real vol;
    vol = C_VOLUME(c,t);
}
```

（3）C_NNODES

C_NNODES 宏用于获取单元体内节点数量。

宏调用形式：C_NNODE(c,t)。

宏参数：cell_t c, Thread *t。

数据返回：返回 int 类型的节点数量。

（4）C_NFACES

C_NFACES 宏用于获取单元体内网格面的数量。
宏调用形式：C_NFACES(c,t)。
宏参数：cell_t c, Thread *t。
数据返回：返回 int 类型的网格面数量。

（5）物理量参数获取宏

可以通过宏访问网格单元内的物理量参数，如获取密度、压力、速度等。这些宏在头文件 mem.h 中定义，见表 3-5。

表 3-5 物理量参数获取宏

宏	参数	返回值
C_R(c,t)	cell_t c, Thread *t	real，密度
C_P(c,t)	cell_t c, Thread *t	real，压力
C_U(c,t)	cell_t c, Thread *t	real，u 速度
C_V(c,t)	cell_t c, Thread *t	real，v 速度
C_W(c,t)	cell_t c, Thread *t	real，w 速度
C_T(c,t)	cell_t c, Thread *t	real，温度
C_H(c,t)	cell_t c, Thread *t	real，焓
C_K(c,t)	cell_t c, Thread *t	real，湍动能
C_NUT(c,t)	cell_t c, Thread *t	real，湍流黏度
C_D(c,t)	cell_t c, Thread *t	real，湍动能耗散率
C_O(c,t)	cell_t c, Thread *t	real，比耗散率
C_YI(c,t,i)	cell_t c, Thread *t, int i	real，组分质量分数
C_IGNITE(c,t)	cell_t c, Thread *t	real，点火质量分数
C_PREMIXC_T(c,t)	cell_t c, Thread *t	预混燃烧温度
C_STORAGE_R(c,t,nv)	cell_t c, Thread *t, real nv	变量 nv 的值

（6）梯度计算宏

计算单元内部物理量的梯度的宏，通常以 _G 为后缀，如计算温度梯度 C_T_G。

> **注意** 梯度变量仅在相关变量被求解后才可用。

例如：当定义了能量源项后，UDF 中能够利用宏 C_T_G 访问单元温度，却不能使用 C_U_G 宏访问 x 方向速度梯度。主要原因在于求解器为了计算效率，在求解时从内存中去除了不被使用的数据。如果一定要保留这些梯度数据，可以使用 TUI 命令 **solve/set/expert**，之后在系统提示 **Keep temporary solver memory from being freed?** 后输入 **yes**。这样的话所有的梯度数据都会被保留，但是计算过程中会消耗更多的内存。

可以使用此方式调用梯度宏：

```
/*返回 x 方向的温度梯度*/
real xtG = C_T_G(c,t)[0];
```

常用梯度访问宏见表 3-6。

表 3-6 梯度访问宏

宏	参数	返回值
C_P_G(c,t)	cell_t c, Thread *t	压力梯度向量
C_U_G(c,t)	cell_t c, Thread *t	u 速度梯度向量
C_V_G(c,t)	cell_t c, Thread *t	v 速度梯度向量
C_W_G(c,t)	cell_t c, Thread *t	w 速度梯度向量
C_T_G(c,t)	cell_t c, Thread *t	温度梯度向量
C_H_G(c,t)	cell_t c, Thread *t	焓梯度向量
C_NUT_G(c,t)	cell_t c, Thread *t	湍流黏度梯度向量
C_K_G(c,t)	cell_t c, Thread *t	湍动能梯度向量
C_D_G(c,t)	cell_t c, Thread *t	湍动能耗散率梯度向量
C_O_G(c,t)	cell_t c, Thread *t	比耗散率梯度向量
C_YI_G(c,t,i)	cell_t c, Thread *t,int i	组分质量分数梯度向量

注：1. C_P_G 只能用于压力基求解器。
2. C_YI_G 只能用于密度基求解器，若要在压力基中使用此宏，则需要设置'species/save-gradients?为#t。

3.1.4 拓扑关系宏

Fluent 提供的拓扑关系宏可以方便地定义连接网格中心的矢量以及连接网格中心和面中心的矢量。这些宏返回的数据有利于计算一些网格面上不存储的标量值，以及跨网格边界的标量扩散通量。

为了更好地理解这些宏返回的参数，最好考虑前面提到的计算是如何计算的。如假设标量 ϕ 的梯度可用，则网格面上该标量的值可近似为：

$$\phi_f = \phi_0 + \nabla\phi \cdot dr$$

式中，dr 为连接网格中心与面中心的向量。

穿过网格面 f 的标量 ϕ 的扩散通量 D_f 可定义为：

$$D_f = \Gamma_f \nabla\phi \cdot A$$

式中，Γ_f 为网格面上的扩散系数。在 Fluent 非结构求解器中，沿面法线方向的梯度可通过计算沿连接网格中心方向的梯度和沿面内平面的方向的梯度来近似。因此扩散通量可以近似为：

$$D_f = \Gamma_f \frac{(\phi_1 - \phi_0)}{ds} \frac{\vec{A}\cdot\vec{A}}{\vec{A}\cdot\vec{e}_s} + \Gamma_f \left(\overline{\nabla\phi}\cdot\vec{A} - \overline{\nabla\phi}\cdot\vec{e}_s \frac{\vec{A}\cdot\vec{A}}{\vec{A}\cdot\vec{e}_s}\right)$$

式中，$\vec{A}$ 为网格面 f 的面积法向向量；ds 为网格中心的距离；$\vec{e}_s$ 为单位法向向量；$\overline{\nabla\phi}$ 为两个相邻网格单元的梯度的平均值。

(1) 相邻网格索引

如果网格面位于计算域的外边界上,则只有 c0 存在;如果面位于计算域的内部,则 c0 和 c1 同时存在。可以利用宏 THREAD_T0(t)及 THREAD_T1(t)来识别在面 t 中与给定面 f 相邻的网格。THREAD_T0 返回给定面的相邻网格单元 c0,THREAD_T1 返回给定面的相邻网格单元 c1。相邻网格 c0 及 c1 的向量与梯度定义见图 3-2 调用形式如表 3-7 所示。

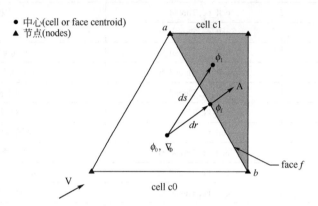

图 3-2　相邻网格 c0 及 c1 的向量与梯度定义

表 3-7　宏定义形式

宏形式	参数类型	返回值
THREAD_T0(t)	Thread *t	返回网格单元 c0 的 thread 指针
THREAD_T1(t)	Thread *t	返回网格单元 c1 的 thread 指针

(2) 内部面几何

宏 INTERIOR_FACE_GEOMETRY(f,t,A,ds,es,A_by_es,dr0,dr1)可以通过指定 f 与 t 参数而返回其他所需要的值。

> **注意**　该宏定义在头文件 sg.h 中,因该头文件没有包含在 udf.h 中,因此在调用之前必须包含该头文件。

该宏返回的参数如表 3-8 所示。

表 3-8　返回参数表(一)

返回参数	类型	说明
A	real A[ND_ND]	面积法向向量
ds	real ds	网格中心之间的距离
es	real es[ND_ND]	从单元 c0 到 c1 方向的单位法向向量
A_by_es	real A_by_es	$\dfrac{\vec{A}\cdot\vec{A}}{\vec{A}\cdot\vec{e}_s}$ 的值
dr0	real dr0[ND_ND]	连接 c0 网格的形心到网格面形心的向量
dr1	real dr1[ND_ND]	连接 c1 网格的形心到网格面形心的向量

(3) 边界面几何

利用宏 BOUNDARY_FACE_GEOMETRY(f,t,A,ds,es,A_by_es,dr0)可以输出给定网格面 f 及面索引 t 上的一些数据。

> **注意** 该宏定义在头文件 sg.h 中，因该头文件没有包含在 udf.h 中，因此在调用之前必须包含该头文件。

该宏返回的参数如表 3-9 所示。

表 3-9 返回参数表（二）

返回参数	类型	说明
A	real A[ND_ND]	面积法向向量
ds	real ds	网格中心与面中心之间的距离
es	real es[ND_ND]	从单元 c0 到面中心方向的单位法向向量
A_by_es	real A_by_es	$\dfrac{\vec{A} \cdot \vec{A}}{\vec{A} \cdot \vec{e}_s}$ 的值
dr0	real dr0[ND_ND]	连接 c0 网格的形心到网格面形心的向量

(4) 边界面判断

利用宏 BOUNDARY_FACE_THREAD(t)可用于判断面索引 t 是否为边界面，若为边界面则返回 TRUE。该宏定义于头文件 thread.h 中，此头文件包含于 udf.h 中，无需额外包含。

(5) 边界二次梯度源项

宏 BOUNDARY_SECONDARY_GRADIENT_SOURCE(source,n,dphi,dx,A_by_es,k) 可以用于输出指定面上的一些数据。

> **注意** 该宏定义于头文件 sg.h 中，因该头文件没有包含在 udf.h 中，因此在调用之前必须包含该头文件。

该宏返回的参数如表 3-10 所示。

表 3-10 返回参数表（三）

返回参数	类型	说明
source	real A[ND_ND]	跨越网格面的扩散通量
n	Svar n	Svar 枚举值
dphi	real dphi[ND_ND]	计算过程中存储的面梯度值变量数组
dx	real dx[ND_ND]	从单元 c0 到面中心方向的单位法向向量
A_by_es	real A_by_es	$\dfrac{\vec{A} \cdot \vec{A}}{\vec{A} \cdot \vec{e}_s}$ 的值
k	real k	网格面上的扩散系数

3.1.5 特殊宏

除了前面提到的网格单元数据获取宏、网格面数据获取宏及节点数据获取宏外，在数据获取方面，还有几个非常常用的宏。编写 UDF 程序时，经常与这些宏打交道。这些宏包括：Loookup_Thread、THREAD_ID、Get_Domain、F_PROFILE、THREAD_SHADOW。

（1）获取指定区域的 Thread

Thread 是 UDF 中一种非常重要的数据结构，有时常常需要获取某个边界的 Thread 进行其他操作，此时可以利用宏 Lookup_Thread 实现。

宏描述：Lookup_Thread(d,id)。

宏参数：Domain *d, int id。

返回值：Thread *t。

ID 值可以从边界条件面板中获取，如图 3-3 所示。

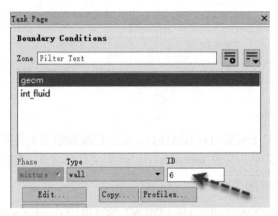

图 3-3　查看区域的 ID

获取某个 zone（区域）的 ID 之后，就可以对该区域进行操作了。下面的例程是获取 ID 为 1 的边界上各网格面中心的节点坐标。

```
#include "udf.h"
DEFINE_ADJUST(print_f_centroids, domain)
{
    real FC[2];
    face_t f;
    int ID = 1;
    Thread *thread = Lookup_Thread(domain, ID);
    begin_f_loop(f, thread)
    {
        F_CENTROID(FC,f,thread);
        printf("x-coord = %f,y-coord = %f", FC[0], FC[1]);
    }
    end_f_loop(f,thread)
}
```

（2）获取区域 ID

获取区域的 ID 可以使用宏 THREAD_ID 来实现。

宏描述：THREAD_ID(t)。

宏参数：Thread *t。

返回值：返回相应 Thread 的对应 ID 值，int 类型。

调用形式：

```
int zone_id = THREAD_ID(t);
```

（3）获取区域指针

获取区域指针可以通过宏 Get_Domain 来实现。

当区域的指针无法通过宏参数传递进来时，可以使用宏 Get_Domain 来获取指定 id 的区域的指针，利用 DEFINE_ON_DEMAND 宏。

宏描述：Get_Domain(id)。

宏参数：int id。

返回值：Domain *d。

对于单相流，id 值为 1；对于多相流，id 值为大于 1 的整数。多相流中的 id 值可以在 Phase 对话框中查看，如图 3-4 所示。

图 3-4　查看相 ID

下面是一个例程：

```
DEFINE_ON_DEMAND(my_udf)
{
    Domain *mixture_domain;
    mixture_domain = Get_Domain(1);

    Domain *subdomain;
    subdomain = Get_Domain(2);
    ...
}
```

(4) 设置边界值

设置边界值可以利用宏 F_PROFILE 来实现。

宏描述：F_PROFILE(f,t,i)。

宏参数：face_t f, Thread *t, int i。

返回值：void，此宏没有返回值。

此宏后两个参数通过 Fluent 传入，第一个参数通过循环宏得到。如下例程：

```
#include "udf.h"

DEFINE_PROFILE(pressure_profile,t,i)
{
    real x[ND_ND];
    real y;
    face_t f;
    begin_f_loop(f,t)
    {
        F_CENTROID(x,f,t);
        y = x[1];
        F_PROFILE(f,t,i) = 1.1e5 - y*y/(.0745*.0745)*0.1e5;
    }
    end_f_loop(f,t)
}
```

(5) 获取影子面的 Thread

当一个面存在影子面时，可以利用宏 THREAD_SHADOW 获取该面的影子的 Thread。

宏描述：THREAD_SHADOW(t)。

宏参数：Thread *t。

返回值：Thread *t。

当宏参数所对应的面没有影子面时，此宏返回 NULL。

3.2 循环迭代宏

UDF 使用过程中，经常要通过循环遍历的方式对数据进行操作，如设置边界条件时，需要给每一个边界网格面赋值，此时需要通过逐层循环的方式访问每一个边界网格面。Fluent UDF 中提供了众多循环来实现此功能，见表 3-11。

表 3-11 循环迭代宏

宏类型	宏形式	宏类型	宏形式
区域中单元循环	thread_loop_c	单元中面循环	c_face_loop
区域中网格面循环	thread_loop_f	单元中的节点循环	c_node_loop
单元中单元循环	begin...end_c_loop	单元面中的节点循环	f_node_loop
面中面循环	begin...end_f_loop		

3.2.1 遍历区域中的网格单元

利用 thread_loop_c 在指定区域（domain）中遍历所有的网格单元（cell）。使用方式非常简单，如下：

```
Domain *domain;
Thread *c_thread;
thread_loop_c(c_thread,domain)
{
    /*对单元进行操作*/
    ...
}
```

3.2.2 遍历区域中的网格面

利用宏 thread_loop_f 来遍历 domain 中的所有网格面（face）。使用方法与遍历网格单元类似，如：

```
Thread *f_thread;
Domain *domain;
thread_loop_f(f_thread,domain)
{
    /*对网格面进行操作*/
}
```

3.2.3 遍历网格单元集合中的所有单元

使用宏 begin_c_loop 及 end_c_loop 对所给定的网格单元集合中的所有单元进行遍历，使用方式如下：

```
cell_t c;
Thread *c_thread;
begin_c_loop(c, c_thread)
{

}
end_c_loop(c, c_thread)
```

例如：用下面程序计算给定网格 c_thread 中的所有单元的温度和：

```
begin_c_loop(c, c_thread)
{
    temp += C_T(c, c_thread);
}
end_c_loop(c, c_thread)
```

3.2.4 遍历面集合中的所有面

利用宏 begin_f_loop 与 end_f_loop 来遍历给定 face 集合中的所有网格面,使用方式如下：

```
face_t f;
Thread *f_thread;
begin_f_loop(f, f_thread)
{
}
end_f_loop(f, f_thread)
```

例如：用以下程序计算给定网格几何 f_thread 上的所有网格面上温度总和：

```
begin_f_loop(f, f_thread)
{
    temp += F_T(f, f_thread);
}
end_f_loop(f, f_thread)
```

3.2.5 遍历一个网格单元上的所有面

利用宏 c_face_loop 来遍历网格单元上的所有网格面，使用方法如下：

```
cell_t c;
Thread *t;
face_t f;
Thread *tf;
int n;
c_face_loop(c, t, n)   /* loops over all faces of a cell */
{
  f = C_FACE(c,t,n);
  tf = C_FACE_THREAD(c,t,n);
}
```

3.2.6 遍历网格单元中的节点

利用宏 c_node_loop 来遍历网格单元中的所有网格节点，使用方法如下：

```
cell_t c;
Thread *t;
int n;
Node *node;
c_node_loop(c,t,n)
{
    node = C_NODE(c,t,n);
}
```

3.2.7 遍历网格面中的所有节点

利用宏 f_node_loop 来遍历网格面中的所有节点，使用方法如下：

```
face_t f;
Thread *t;
```

```
int n;
Node *node;
f_node_loop(f,t,n)
{
  node = F_NODE(f,t,n);
}
```

3.3 向量及标量运算宏

CFD 计算中存在众多的向量，典型的如速度、角速度等。向量的运算要比标量运算复杂，UDF 提供了众多的向量操作宏用于向量的运算。

对于这些向量操作宏，UDF 头文件中对这些宏的名称进行了区分。如宏名称中包含 v，则表示向量，S 表示标量，D 表示向量的三个分量序列，在 2D 模型中，第三个分量被忽略。矢量函数不遵循括号、指数、乘法、除法、加法和减法的运算顺序约定。取而代之的是利用下划线"_"符号将操作数分组成对，以便在成组之前对元素执行操作。

3.3.1 2D 及 3D 处理

有两种方法可以处理 UDF 中涉及的 2D 和 3D 的表达式。第一种方法：可以使用显式方法来指定编译器分别编译 2D 和 3D 代码的不同部分，通过在 if 条件语句中使用 RP_2D 和 RP_3D 来实现。第二种方法：可以在 UDF 中包含一般的 3D 表达式，并使用 ND 和 NV 宏，这些宏将在使用 RP_2D 编译时删除 z 方向分量。NV 宏作用于向量，而 ND 宏作用于标量或向量的分量。

如下面的代码片段可以指定在 3D 时编译：

```
#if RP_3D
/* 3D时执行的代码 */
#endif
```

3.3.2 ND 操作宏

UDF 中使用较多的 ND 操作宏包括 ND_ND、ND_SUM 及 ND_SET。

（1）ND_ND 宏

ND_ND 为常数，在 2D 模型中其值为 2，在 3D 模型中其值为 3。

> **注意** ND_ND 宏的值不可以改变。如下语句 ND_ND=1 是错误的。在实际应用过程中，把 ND_ND 当做是数字。

如下语句定义了一个矩阵：

```
real A[ND_ND][ND_ND];
```

(2) ND_SUM 宏

ND_SUM 宏用于计算其参数的和。代码如下:

```
ND_SUM(x,y,z);
```

在 2D 模型中,其等效于:

```
x+y;
```

而在 3D 模型中,其等效于:

```
x+y+z;
```

(3) ND_SET 宏

ND_SET 宏用于设置其参数。代码如下:

```
ND_SET(u,v,w,C_U(c,t),C_V(c,t),C_W(c,t));
```

在 2D 模型中,其等效为:

```
u = C_U(c,t);
v = C_V(c,t);
```

在 3D 模型中,其等效为:

```
u = C_U(c,t);
v = C_V(c,t);
w = C_W(c,t);
```

3.3.3 NV 宏

NV 宏与 ND 宏类似,只不过 NV 宏操作的是向量。

(1) NV_V 宏

NV_V 宏进行向量赋值操作。代码如下:

```
NV_V(a, = , x);
```

此语句等效于:

```
a[0] = x[0];
a[1] = x[1];
a[2] = x[2];
```

宏中间的操作符可以是+=,此时则换为:

```
a[0] += x[0];
a[1] += x[1];
a[2] += x[2];
```

(2) NV_VV 宏

NV_VV 宏能实现向量元素操作。代码如下:

```
NV_VV(a , = , x , + , y);
```

此语句等效于:

```
a[0] = x[0] + y[0];
a[1] = x[1] + y[1];
```

(3) NV_V_VS 宏

此宏可用于向量与标量的乘积运算。如:

```
NV_V_VS(a, = , x, + , y, *, 0.5);
```
此语句等效于:
```
a[0] = x[0] + y[0] * 0.5;
a[1] = x[1] + y[1] * 0.5;
```

(4) NV_VS_VS 宏

矢量与标量的混合运算。如:
```
NV_VS_VS(a, =, x, *, 2.0, +, y, *, 0.5);
```
此语句等效于:
```
a[0] = (x[0]*2.0) + (y[0]*0.5);
a[1] = (x[1]*2.0) + (y[1]*0.5);
```

3.3.4 向量运算宏

向量运算宏可用于向量的求模运算、点乘与叉乘运算。

(1) NV_MAG 及 NV_MAG2

这两个宏用于求取向量的模及模的平方。如宏 NV_MAG 代码如下:
```
NV_MAG(x);
```
在 2D 模型中，其等效于:
```
sqrt(x[0]*x[0] + x[1]*x[1]);
```
在 3D 模型中，其等效于:
```
sqrt(x[0]*x[0] + x[1]*x[1] + x[2]*x[2]);
```
而 NV_MAG2 则用于计算向量的模的平方，代码如下:
```
NV_MAG2(x);
```
在 2D 模型中，其等效于:
```
(x[0]*x[0] + x[1]*x[1]);
```
在 3D 模型中，其等效于:
```
(x[0]*x[0] + x[1]*x[1] + x[2]*x[2]);
```

(2) NV_DOT 宏

NV_DOT 宏用于向量的点积，可以有多种用法，如表 3-12 所示。

表 3-12 NV_DOT 宏的用法

宏	代码解释	
	在 2D 模型中	在 3D 模型中
ND_DOT(x, y, z, u, v, w);	(x*u + y*v);	(x*u + y*v + z*w);
NV_DOT(x, u);	(x[0]*u[0] + x[1]*u[1]);	(x[0]*u[0] + x[1]*u[1] + x[2]*u[2]);
NVD_DOT(x, u, v, w);	(x[0]*u + x[1]*v);	(x[0]*u + x[1]*v + x[2]*w);

(3) 向量叉乘

向量叉乘的计算比较复杂。如下示例:
```
ND_CROSS_X(x0,x1,x2,y0,y1,y2)
   2D: 0.0
```

```
    3D: (((x1)*(y2))-(y1)*(x2)))

ND_CROSS_Y(x0,x1,x2,y0,y1,y2)
    2D: 0.0
    3D: (((x2)*(y0))-(y2)*(x0)))

ND_CROSS_Z(x0,x1,x2,y0,y1,y2)
    2D and 3D: (((x0)*(y1))-(y0)*(x1)))

NV_CROSS_X(x,y)
    ND_CROSS_X(x[0],x[1],x[2],y[0],y[1],y[2])
NV_CROSS_Y(x,y)
    ND_CROSS_Y(x[0],x[1],x[2],y[0],y[1],y[2])
NV_CROSS_Z(x,y)
    ND_CROSS_Z(x[0],x[1],x[2],y[0],y[1],y[2])
NV_CROSS(a,x,y)
    a[0] = NV_CROSS_X(x,y);
    a[1] = NV_CROSS_Y(x,y);
    a[2] = NV_CROSS_Z(x,y);
```

3.4 时间相关宏

Fluent UDF 中可以利用 UDF 宏或 RP 变量访问时间相关量。这些 UDF 宏如表 3-13 所示。

表 3-13 时间 UDF 宏

宏名	返回值
CURRENT_TIME	当前流动时间，单位为秒
CURRETN_TIMESTEP	时间步长，单位为秒
PREVIOUS_TIME	上个时间步的时间，单位为秒
PREVIOUS_2_TIME	前两个时间步的时间，单位为秒
PREVIOUS_TIMESTEP	上个时间步长，单位为秒
N_TIME	时间步数
N_ITER	迭代步数

注：使用这些宏需要包含头文件 unsteady.h，宏 N_ITER 只能用于编译型 UDF 中。

一个简单的例子：

```
real current_time;
current_time = CURRENT_TIME;
```

此语句等同于：

```
real current_time;
current_time = RP_Get_Real("flow-time")
```

一些等效的 RP 变量如表 3-14 所示。

表 3-14　与时间相关的 RP 变量

UDF 宏	RP 变量
CURRENT_TIME	RP_Get_Real("flow_time")
CURRENT_TIMESTEP	RP_Get_Real("physical-time-step")
N_TIME	RP_Get_Real("time-step")

注：RP 宏的计算开销很大，一般情况下用于循环宏外，不建议用于循环宏内。

3.5 输入输出宏

ANSYS Fluent 除了标准的 C 语言 I/O 函数（如 scanf、print、fscanf、fprintf 等）外，还提供了一些专用的宏，利用这些宏可以实现输入/输出(I/O)任务。这些宏及其功能包括：

① Message(formate,…)：输出信息到控制台。
② Error(formate,…)：输出错误信息到共控制。

3.5.1 Message 宏

Message 宏能够以用户指定的格式将数据显示在控制台窗口，其使用形式为：
```
int Message(const char *format,...)
```
消息函数中的第一个参数是格式字符串。它指定如何在控制台中显示数据。格式字符串在引号中定义。格式字符串后面的替换变量的值将在显示中替换为%type 的所有实例。

一些常见的格式字符串有：%d 整数，%f 浮点数，%g 双精度数，%e 指数格式的浮点数(指数前有 e)。有关详细信息，请参阅 C 编程语言手册。消息的格式字符串类似于标准的 C I/O 函数 printf，有关详细信息，请参阅标准 I/O 函数。

一个简单案例：
```
Message("turbulent dissipation: %g\n", sum_diss);
```
建议 UDF 中使用 Message 替代 printf 函数。

3.5.2 Error 宏

当想要停止 UDF 的执行并将错误消息打印到控制台时，可以使用 Error 宏。Error 宏只能用于编译型 UDF，不能用于解释型 UDF。一个简单的案例如下：
```
Error("error reading file");
```

3.6 其他宏

Fluent UDF 存在一些辅助宏，这些宏在一些特殊的应用场合用途较大。如：
- Data_Valid_P
- FLUID_THREAD_P
- Get_Report_Definition_Values

- M_PI
- NULLP & NNULLP
- N_UDM
- N_UDS
- SQR(k)
- UNIVERSAL_GAS_CONSTANT

3.6.1 Data_Valid_P

在进行计算之前，可以使用 Data_Valid_P 检查 UDF 中出现的变量的单元格值是否可被访问。宏形式如下：

```
cxboolean Data_Valid_P()
```

Data_Valid_P 宏定义在头文件 id.h 中，并被包含在 udf.h 中。如果作为参数传递的数据有效，则函数返回 1（或 TRUE）；如果无效，则返回 0（或 FALSE）。

示例代码：

```
if(!Data_Valid_P()) return;
```

假设您读取了一个 case 文件，并在这个过程中加载了一个 UDF。如果 UDF 使用尚未初始化的变量（如内部单元的速度）执行计算，则会出现错误。为了避免这种错误，可以在代码中添加 if else 条件。如果数据是可用的，UDF 可以按正常方式计算。如果数据不可用，则不能执行计算，或者只能执行简单的计算。在流场初始化之后，可以重新调用该函数，以便执行正确的计算。

3.6.2 FLUID_THREAD_P

可以使用 FLUID_THREAD_P 来检查 Cell Thread 是否是一个流体 Thread。该宏传递一个 Cell Thread 指针 t，如果传递的线程是一个流体 Thread，则返回 1(或 TRUE)，如果不是，则返回 0(或 FALSE)。宏形式如下：

```
cxboolean FLUID_THREAD_P(t);
```

示例代码：

```
FLUID_THREAD_P(t0);
```

若 t0 为流体 Thread，则返回 TRUE，否则返回 FALSE。

3.6.3 Get_Report_Definition_Values

可以使用 Get_Report_Definition_Values API 访问 Fluent 中创建的任何报告的最后一次计算值。

在调用这个函数之前，需要先将输出参数指定为 NULL，或者为它们分配内存。函数将填充输出参数，若未适当地分配内存，计算运行可能会崩溃或导致意外的行为。

函数形式：

```
int Get_Report_Definition_Values(const char* name, int timeStep/iteration, int* nrOfvalues, real* values, int* ids, int* index)
```

返回值为 0 表示函数调用成功，返回值为 1 表示指定的报告定义不存在。

函数参数如表 3-15 所示。

表 3-15 函数参数说明

函数参数	说明
const char* name	报告名
int timeStep/iteration	标记，取值为 0 或 1。0 提供迭代时计算的值，1 提供时间步长的值
int* nrOfvalues	报表定义可用值的数目
real* values	返回值，报告的值
int* ids	值对应的表面/区域 id
int* index	计算索引

稳态计算示例代码如下：

```c
int nrOfvalues=0;
real *values;
int *ids;
int index;
int counter;

/*First call to get the number of values. For number of values,
  the int pointer is passed, which is 0 for iterations.*/

int rv = Get_Report_Definition_Values("report-def-0", 0, &nrOfvalues, NULL, NULL, NULL);

if (rv==0 && nrOfvalues)
{

   Message("Report definition evaluated at iteration has %d values\n", nrOfvalues);

   /*Memory is allocated for values and ids.*/

   values = (real*) malloc(sizeof(real)* nrOfvalues);
   ids = (int*) malloc(sizeof(int)* nrOfvalues);

   /* Second call to get data. The number of values is null, but the last
    * three are not.*/
   rv = Get_Report_Definition_Values("report-def-0", 0, NULL, values, ids, &index);

   Message("Values correspond to iteration index:%d\n", index);

   for ( counter = 0; counter < nrOfvalues; counter++ )
   {
      Message("report definition values: %d, %f\n", ids[counter], values[counter]);
```

```c
    }
    /*Memory is freed.*/
    free(values);
    free(ids);
}
else
{
    /*The command can be unsuccessful if the report definition does not exist
      or if it has not been evaluated yet.*/
    if (rv == 1)
    {
        Message("report definition: %s does not exist\n", "report-def-0");
    }
    else if ( nrOfvalues == 0 )
    {
        Message("report definition: %s not evaluated at iteration level\n",
"report-def-0");
    }
}
```

瞬态计算示例代码如下:

```c
int nrOfvalues=0;
real *values;
int *ids;
int index;
int counter;

/*First call to get the number of values. For number of values,
  the int pointer is passed, which is 1 for timesteps.*/

int rv = Get_Report_Definition_Values("report-def-0", 1, &nrOfvalues, NULL,
NULL,NULL);

if (rv==0 && nrOfvalues)
{

    Message("Report definition evaluated at time-step has %d values\n",
nrOfvalues);

    /*Memory is allocated for values and ids.*/

    values = (real*) malloc(sizeof(real)* nrOfvalues);
    ids = (int*) malloc(sizeof(int)* nrOfvalues);
```

```
        /* Second call to get data. The number of values is null, but the last
         * three are not.*/
        rv = Get_Report_Definition_Values("report-def-0", 1, NULL, values, ids,
&index);

        Message("Values correspond to time-step index:%d\n", index);

        for ( counter = 0; counter < nrOfvalues; counter++ )
        {
            Message("report    definition    values:   %d,   %f\n", ids[counter],
values[counter]);
        }

        /*Memory is freed.*/
        free(values);
        free(ids);
    }
    else
    {
        /*The command can be unsuccessful if the report definition does not exist
         or if it has not been evaluated yet.*/
        if (rv == 1)
        {
            Message("report definition: %s does not exist\n", "report-def-0");
        }
        else if ( nrOfvalues == 0 )
        {
            Message("report definition: %s not evaluated at time-step level\n",
"report-def-0");
        }
    }
```

3.6.4 M_PI

圆周率常数，可以直接使用。

3.6.5 N_UDM

该宏返回 UDM 的数量，返回整数。使用该宏无需任何参数。该宏在头文件 models.h 中定义。

3.6.6 N_UDS

返回 UDS 的数量。

3.6.7 SQR(k)

返回变量 k 的平方值。

3.6.8 UNIVERSAL_GAS_CONSTANT

返回普适气体常数 8314.34J/(kmol·K)，注意这里的普适气体常数单位并非国际单位，这是个特例。

第4章 常用的DEFINE宏

4.1 通用 DEFINE 宏

Fluent UDF 提供了一些通用宏，用于控制 Fluent 在使用过程中的一些行为，一些比较常用的通用宏见表 4-1。

表 4-1 常用的通用宏

宏	说明
DEFINE_ADJUST	用于操纵变量
DEFINE_DELTAT	用于调整时间步长
DEFINE_EXECUTE_AT_END	在迭代完成后执行操作
DEFINE_EXECUTE_AT_EXIT	在 Fluent 关闭时执行操作
DEFINE_EXECUTE_FROM_GUI	实现在用户自定义界面中执行操作
DEFINE_EXECUTE_ON_LOADING	加载 UDF 时执行一些操作
DEFINE_EXECUTE_AFTER_CASE/DATA	读取 Case 文件后执行操作
DEFINE_INIT	初始化
DEFINE_ON_DEMAND	异步执行一些操作
DEFINE_REPORT_DEFINITION_FN	为用户定义的报告返回值
DEFINE_RW_FILE	读写文件
DEFINE_RW_HDF_FILE	读写 HDF 文件

4.1.1 DEFINE_ADJUST

可以利用 DEFINE_ADJUST 宏调整或控制一些流动参数。例如用户可以使用 DEFINE_ADJUST 修改流动参数（如速度、压力等），也可以计算某些标量在全域的积分量，甚至可以基于计算结果调整边界条件。

> **注意** DEFINE_ADJUST 宏在每一个迭代步被执行，并且在每一个迭代中传输方程求解之前被调用。

- 宏形式：DEFINE_ADJUST(name , d)。
- 宏参数：symbol name, Domain *d。
- 返回值：无返回值。
- 调用形式：解释或编译。

下面是一个简单的案例，其利用 DEFINE_ADJUST 宏在每一步迭代过程中计算区域内的湍流耗散率，计算结果显示在 console 中。

```
#include "udf.h"
DEFINE_ADJUST(my_adjust,d)
{
   Thread *t;
   /* Integrate dissipation. */
   real sum_diss=0.;
   cell_t c;
   thread_loop_c(t,d)
   {
    begin_c_loop(c,t)
    {
       sum_diss += C_D(c,t)* C_VOLUME(c,t);
    }
    end_c_loop(c,t)
   }
   printf("总耗散率: %g\n", sum_diss);
}
```

DEFINE_ADJUST 宏编译或解释后，可以通过 User Defined 标签页下的 Function Hooks...工具按钮来加载，如图 4-1 所示。选择此工具按钮后弹出 UDF 加载对话框，如图 4-2 所示。

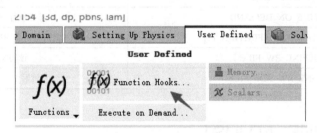

图 4-1 函数加载

选择 Adjust 后的 Edit...按钮，弹出 Adjust Functions 对话框，如图 4-3 所示，选择列表框中的宏，选择 Add 按钮将其从左侧列表框中加载至右侧列表框，点击 OK 按钮确认操作并关闭对话框。

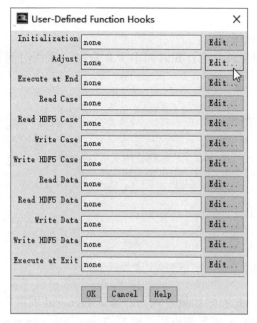

图 4-2 UDF 加载对话框

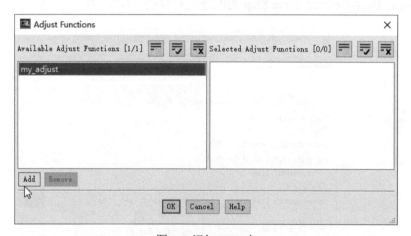

图 4-3 添加 UDF 宏

这样，DEFINE_ADJUST 宏就被挂载到 Fluent 中，在每一次迭代时都会被调用。

4.1.2 DEFINE_DELTAT

DEFINE_DELTAT 宏主要用于在瞬态求解过程中控制时间步长。

> 注意：此宏只能用于 Time Stepping Method 为 Adaptive 时。若为默认的 Fixed，则会出错。

- 宏形式：DEFINE_DELTAT(name , d)。
- 宏参数：symbol name，Domain *d。

- 返回值：real。
- 调用形式：解释或编译。

如下例程为调整时间步长，当计算时间小于 0.5s 时，采用时间步长 0.1s，否则时间步长采用 0.2s。

```
#include "udf.h"
DEFINE_DELTAT(mydeltat,d)
{
    real time_step;
    real flow_time = CURRENT_TIME;
    if (flow_time < 0.5)
        time_step = 0.1;
    else
        time_step = 0.2;
    return time_step;
}
```

解释或编译 UDF 后，此宏的加载方式为：确认 **General** 面板中选择的是 **Transient** 瞬态计算；选择 **Run Calculation** 树形节点后，选择 **Time Advancement Type** 为 **User-Defined Function**；指定 **User-Defined Time Step** 为编译或解释的 UDF，如图 4-4 所示。

图 4-4　设置自适应时间步长

4.1.3 DEFINE_EXECUTE_AT_END

DEFINE_EXECUTE_AT_END 宏在求解迭代完毕后执行。该宏可以在稳态迭代步结束时调用，也可以在瞬态计算时间步迭代完毕后调用。在用户选择是瞬态还是稳态计算后，该宏的调用时机由求解器自动决定，用户无需干涉。

- 宏形式：DEFINE_EXECUTE_AT_END(name)。
- 宏参数：symbol name。
- 返回值：无。

本宏仅有一个宏名作为参数，亦无任何返回值。下面是一个简单的使用案例，在迭代完毕后自动计算区域内总的湍流耗散率。

```c
#include "udf.h"

DEFINE_EXECUTE_AT_END(execute_at_end)
{
   Domain *d;
   Thread *t;
   /* Integrate dissipation. */
   real sum_diss=0.;
   cell_t c;
   d = Get_Domain(1);  /* mixture domain if multiphase */

   thread_loop_c(t,d)
     {
       if (FLUID_THREAD_P(t))
         {
           begin_c_loop(c,t)
             sum_diss += C_D(c,t) * C_VOLUME(c,t);
           end_c_loop(c,t)
         }
     }

   printf("Volume integral of turbulent dissipation: %g\n", sum_diss);
   fflush(stdout);
}
```

宏的使用方法：编译或解释 UDF 源代码；点击按钮 **Function Hooks…** 打开宏加载对话框如图 4-5 所示；点击弹出对话框 **Execute at End** 后方的 **Edit…** 按钮打开新的对话框；如图 4-6 所示对话框中，选择 Avaliable Execute at End Functions 列表中可用的 UDF，点击 **Add** 按钮将其添加到右侧列表框中；点击 **OK** 按钮关闭图 4-6 所示对话框；点击图 4-7 对话框的 **OK** 按钮加载 UDF 宏。

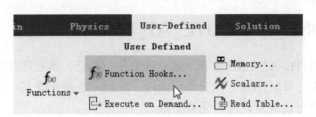

图 4-5 打开宏加载对话框

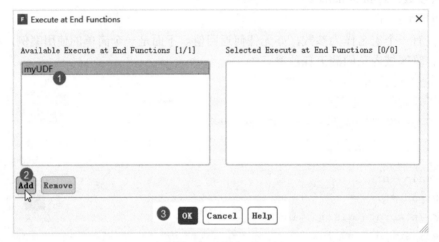

图 4-6 添加 UDF

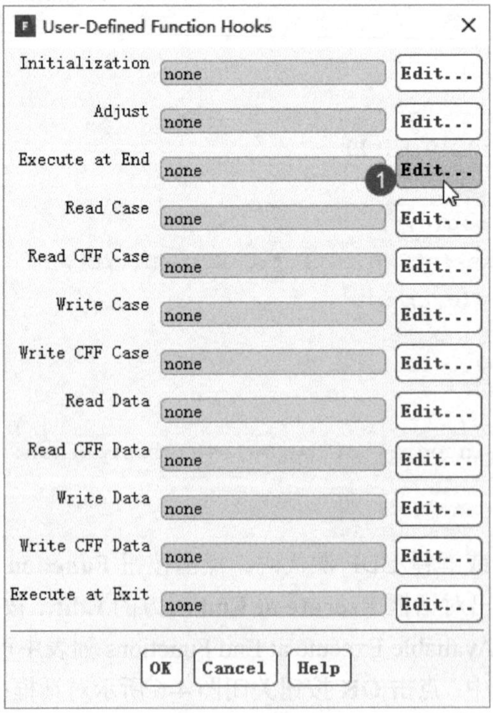

图 4-7 宏加载

4.1.4 DEFINE_EXECUTE_AT_EXIT

该 UDF 宏用于在 Fluent 退出时执行操作（如保存数据等）。
- 宏形式：DEFINE_EXECUTE_AT_EXIT(name)。
- 宏参数：symbol name。
- 返回值：无。

此宏的使用与 DEFINE_EXECUTE_AT_END 宏相同。不过加载的时候是加载到 **Execute at Exit** 上，如图 4-8 所示。

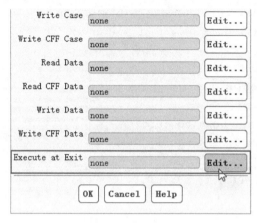

图 4-8　宏加载位置

4.1.5 DEFINE_EXECUTE_FROM_GUI

DEFINE_EXECUTE_FROM_GUI 宏主要用于用户利用 Scheme 语言自定义的 GUI 调用中。此宏需采用编译方式被加载，且无需挂载到任何位置。
- 宏形式：DEFINE_EXECUTE_FROM_GUI(name,libname,mode)。
- 返回值：无

宏参数如表 4-2 所示。

表 4-2　宏参数及说明

宏参数	说明
Symbol name	UDF 名称
char *libname	Fluent 加载的 UDF 库
Int mode	从 Scheme 程序传递过来的整数，代表 GUI 中的不同响应

一个简单的代码示例如下：

```
#include "udf.h"

DEFINE_EXECUTE_FROM_GUI(reset_udm, myudflib, mode)
{
    Domain *domain = Get_Domain(1); /* Get domain pointer */
```

```
        Thread *t;
        cell_t c;
        int i;
        /* Return if mode is not zero */
        if (mode != 0) return;

        /* Return if no User-Defined Memory is defined in ANSYS Fluent */
        if (n_udm == 0) return;

        /* Loop over all cell threads in domain */
        thread_loop_c(t, domain)
        {
        /* Loop over all cells */
           begin_c_loop(c, t)
             {
               /* Set all UDMs to zero */
               for (i = 0; i < n_udm; i++)
                {
                   C_UDMI(c, t, i) = 0.0;
                }
             }
           end_c_loop(c, t);
        }
}
```

4.1.6 DEFINE_EXECUTE_ON_LOADING

DEFINE_EXECUTE_ON_LOADING 用于在 Fluent UDF 编译加载过程中执行一系列操作，如进行数据初始化等。该宏必须采用编译形式加载，且无需挂载。
- 宏形式：DEFINE_EXECUTE_ON_LOADING (name, libname)。
- 宏参数：

Symbol：宏名称。

Char *libname：被编译的 UDF 名。

以下代码为 UDF 加载时在控制台输出一段信息：

```
#include "udf.h"

static int version = 1;
static int release = 2;

DEFINE_EXECUTE_ON_LOADING(report_version, libname)
{
   Message("Loading %s version %d.%d\n",libname,version,release);
}
```

4.1.7 DEFINE_EXECUTE_AFTER_CASE/DATA

DEFINE_EXECUTE_AFTER_CASE 及 EFINE_EXECUTE_AFTER_DATA 宏用于在 Fluent 读取 case 或 data 文件时执行指定操作。这两个宏只能以编译形式执行。
- 宏形式：DEFINE_EXECUTE_AFTER_CASE (name, libname)。
- 宏形式：DEFINE_EXECUTE_AFTER_DATA (name, libname)。

宏参数与 DEFINE_EXECUTE_ON_LOADING 的参数相同，这两个宏也无需挂载。

以下代码可实现在 Fluent 读取 case 及 data 文件时在控制台输出一段文本信息。

```
#include "udf.h"
DEFINE_EXECUTE_AFTER_CASE(after_case, libname)
{
  Message("EXECUTE_AFTER_CASE called from $s\n", libname);
}

DEFINE_EXECUTE_AFTER_DATA(after_data, libname)
{
  Message("EXECUTE_AFTER_DATA called from $s\n", libname);
}
```

4.1.8 DEFINE_INIT

DEFINE_INIT 宏主要用于计算域初始化。在 Fluent 中，除了可以使用全区域初始化之外，Patch 可以用于局部初始化，而 DEFINE_INIT 宏则可以利用 UDF 对全局或局部进行初始化。
- 宏形式：DEFINE_INIT(name,d)。
- 宏参数：

symble name：UDF 名称。
Domain *d：初始化作用的区域指针。
- 返回值：无。

如下代码指定了一个半径 0.25 m 的球形区域内温度为 400 K，区域外温度 300 K。

```
#include "udf.h"

DEFINE_INIT(my_init_func,d)
{
  cell_t c;
  Thread *t;
  real xc[ND_ND];

  thread_loop_c(t,d)
    {
      /* loop over all cells */
      begin_c_loop_all(c,t)
        {
          C_CENTROID(xc,c,t);
```

```
            if (sqrt(ND_SUM(pow(xc[0] - 0.5,2.),
                pow(xc[1] - 0.5,2.),
                pow(xc[2] - 0.5,2.))) < 0.25)
              C_T(c,t) = 400.;
            else
              C_T(c,t) = 300.;
        }
    end_c_loop_all(c,t)
    }
}
```

DEFINE_INIT 宏可以通过编译或解释的方式执行，在 User-Defined Function Hooks 对话框中进行挂载，如图 4-9 所示。

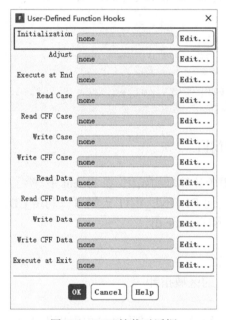

图 4-9　UDF 挂载对话框

4.1.9　DEFINE_ON_DEMAND

此宏由用户手动调用执行，而非 Fluent 自动调用。
- 宏形式：DEFINE_ON_DEMAND(name)。
- 宏参数：symbol name。
- 返回值：无。
- 调用形式：解释或编译。

此宏的参数中并无任何 Fluent 传入的数据，因此如果是获取计算域中的数据，则需要利用 Get_Domain 先获取对应区域的 Domain 结构。

例如下面的实例计算了一个温度函数：

$$f(T) = \frac{T - T_{min}}{T_{max} - T_{min}}$$

并将值赋给 UDM。

```c
#include "udf.h"

DEFINE_ON_DEMAND(on_demand_calc)
{
  Domain *d;
  real tavg = 0.;
  real tmax = 0.;
  real tmin = 0.;
  real temp,volume,vol_tot;
  Thread *t;
  cell_t c;
  d = Get_Domain(1);
  thread_loop_c(t,d)
    {
    begin_c_loop(c,t)
      {
        volume = C_VOLUME(c,t);
        temp = C_T(c,t);
        if (temp < tmin || tmin == 0.) tmin = temp;
        if (temp > tmax || tmax == 0.) tmax = temp;
        vol_tot += volume;
        tavg += temp*volume;
      }
    end_c_loop(c,t)
    tavg /= vol_tot;
    printf("\n Tmin = %g  Tmax = %g  Tavg = %g\n",tmin,tmax,tavg);
    begin_c_loop(c,t)
      {
        temp = C_T(c,t);
        C_UDMI(c,t,0) = (temp-tmin)/(tmax-tmin);
      }
    end_c_loop(c,t)
    }
}
```

此宏编译或解释后，可通过 **User Defined** 标签页下按钮 **Execute on Demand...** 加载，如图 4-10 所示。

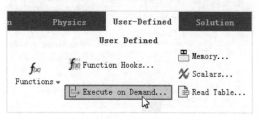

图 4-10　启动 UDF 执行器

弹出对话框中加载 UDF 宏，如图 4-11 所示。

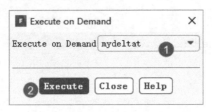

图 4-11　加载 UDF 宏

4.1.10　DEFINE_REPORT_DEFINITION_FN

DEFINE_REPORT_DEFINITION_FN 宏用于自定义报告。
- 宏形式：DEFINE_REPORT_DEFINITION_FN(name)。
- 宏参数：symbol name。
- 执行形式：编译或解释。
- 返回值：real 类型的实数。

该宏仅有一个 symbol 类型参数用于指定宏名称。

下述代码定义了一个流量输出报告，代码中函数 Get_Input_Parameter 利用参数 vel_in 获取入口速度。

```
#include "udf.h"
DEFINE_REPORT_DEFINITION_FN(volume_flow_rate_inlet)
{
  real inlet_velocity = Get_Input_Parameter("vel_in");
  real inlet_area   = 0.015607214;
  real volumeFlow = inlet_velocity*inlet_area;
  return volumeFlow;
}
```

编译或解释该宏后，如图 4-12 所示，鼠标右键选择模型树节点 **Report Definitions**，选择弹出菜单项 **New→User Defined…** 打开报告定义对话框。弹出对话框中可以选择 **Function** 为编译或解释的 UDF，如图 4-13 所示。

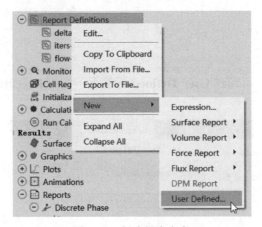

图 4-12　新建报告定义

第1部分 UDF程序设计

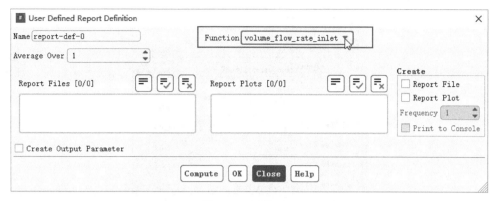

图 4-13 加载 UDF

4.1.11 DEFINE_RW_FILE

利用 DEFINE_RW_FILE 宏可以向 case 或 data 文件写入信息，或者从 case 和 data 文件中读取信息。

- 宏形式：DEFINE_RW_FILE(name,fp)。
- 宏参数：symbol name，FILE fp。
- 返回值：没有任何返回值。
- 调用形式：解释或编译。

宏中可以利用 fscanf 函数读取文件中的信息，也可利用 fprintf 函数向文件写入信息。

下述代码可以向 data 文件中写入 DEFINE_ADJUST 宏调用的次数，同时从 data 文件中读取调用的次数。

```
#include "udf.h"

int kount = 0; /* define global variable kount */
DEFINE_ADJUST(demo_calc,d)
{
    kount++;
    printf("kount = %d\n",kount);
}
DEFINE_RW_FILE(writer,fp)
{
    printf("Writing UDF data to data file...\n");
    fprintf(fp,"%d",kount); /* write out kount to data file */
}
DEFINE_RW_FILE(reader,fp)
{
    printf("Reading UDF data from data file...\n");
    fscanf(fp,"%d",&kount); /* read kount from data file */
}
```

此宏挂载方式与 DEFINE_ADJUST 宏相同，也在 User-Defined Function Hooks 对话框中，如图 4-14 所示。

071

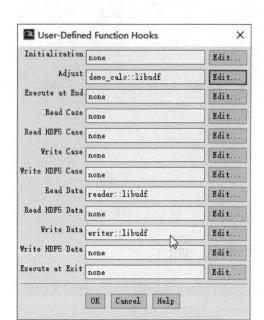

图 4-14 挂载宏方式

4.1.12 DEFINE_RW_HDF_FILE

宏 DEFINE_RW_HDF_FILE 的功能与 DEFINE_RW_FILE 相似，只不过是读写新形式的 case 与 data 文件［通用流体格式（CFF），如.cas.h5 及.dat.h5 files］。
- 宏形式：DEFINE_RW_FILE(name,filename)。
- 宏参数：symbol name，char *filename。
- 返回值：没有任何返回值。
- 调用形式：解释或编译。

宏中可以利用 fscanf 函数读取文件中的信息，也可利用 fprintf 函数向文件写入信息。鉴于与 DEFINE_RW_FILE 宏的相似性，该 UDF 宏的使用方式不再赘述。

4.2 模型参数指定宏

Fluent UDF 中包含众多用于模型参数指定的宏。以下为一些最为常用的宏。

4.2.1 DEFINE_ZONE_MOTION

Fluent 中利用宏 DEFINE_ZONE_MOTION 定义计算区域的运动。
- 宏形式：DEFINE_ZONE_MOTION (name, omega, axis, origin, velocity, time, dtime)。
- 宏参数：

symbol name：宏名称。
real *omega：旋转角速度指针。
real axis[3]：旋转轴。

real origion[3]：旋转中心。
real velocity[3]：评议速度。
real current_time：当前时间。
real dtime：当前时间步长。
- 返回值：无。
- 调用形式：编译或解释。

关于该宏的一个简单示例如下。示例中定义了一个沿 X 方向的 1 m/s 平移速度，以及一个旋转中心为（0，0），旋转轴为 Z 轴，角速度 250 rad/s 的旋转速度。

```
#include "udf.h" DEFINE_ZONE_MOTION(fmotion,omega,axis,origin,velocity,time,dtime)
{
  if (time < 0.1)
   {
    *omega = 2500.0 * time;
   }
  else
   {
    *omega = 250.0;
   }
  N3V_D (velocity,=,1.0,0.0,0.0);
  N3V_S(origin,=,0.0);
  N3V_D(axis,=,0.0,0.0,1.0);
  return;
}
```

4.2.2　DEFINE_PROFILE

利用 DEFINE_PROFILE 可以指定以下边界或计算域信息：
① 边界速度、压力、温度、湍动能、湍流耗散率、质量流量；
② 组分质量分数；
③ 体积分数；
④ 壁面热条件（温度、热流、热生成率、换热系数、外部发射率等）；
⑤ 薄壳热生成率；
⑥ 壁面粗糙条件；
⑦ 壁面剪切及应力条件；
⑧ 计算区域孔隙度；
⑨ 多孔介质阻力方向向量；
⑩ 壁面附着接触角；
⑪ 计算域源项；
⑫ 固定区域的物理量。
- 宏形式：DEFINE_PROFILE (name, t, i)。
- 宏参数：

symbol name：宏名称。

thread *t:边界指针。

int i:定义的变量索引。

- 返回值:无。
- 调用形式:编译或解释。

下述代码定义了压力与 Y 坐标之间的函数关系。

```
#include "udf.h"
DEFINE_PROFILE(pressure_profile,t,i)
{
    real x[ND_ND];
    real y;
    face_t f;
    begin_f_loop(f,t)
      {
        F_CENTROID(x,f,t);
        y = x[1];
        F_PROFILE(f,t,i) = 1.1e5 - y*y/(.0745*.0745)*0.1e5;
      }
    end_f_loop(f,t)
}
```

4.2.3 DEFINE_PROPERTY

利用 DEFINE_PROPERTY 宏可以指定介质的材料属性,包括:

① 密度;

② 黏度;

③ 热导率;

④ 吸收系数与散射系数;

⑤ 层流火焰速度;

⑥ 应变率;

⑦ 自定义组分混合率;

⑧ 多相流模型中的一些物性参数。

- 宏形式:DEFINE_PROPERTY (name, c, t)。
- 宏参数:

symbol name:宏名称。

cell_t c:网格单元索引。

Thread *t:网格单元索引。

- 返回值:无。
- 调用形式:编译或解释。

下述代码定义了一个黏度与温度之间的函数关系。

```
#include "udf.h"
DEFINE_PROPERTY(cell_viscosity,c,t)
{
    real mu_lam;
```

```
    real temp = C_T(c,t);
    if (temp > 288.)
      mu_lam = 5.5e-3;
    else if (temp > 286.)
      mu_lam = 143.2135 - 0.49725 * temp;
    else
      mu_lam = 1.;
    return mu_lam;
}
```

4.2.4 DEFINE_SPECIFIC_HEAT

Fluent 中材料介质的比热容参数需要利用 DEFINE_SPECIFIC_HEAT 宏进行定义。
- 宏形式：DEFINE_SPECIFIC_HEAT (name,T,Tref,h,yi)。
- 宏参数：

symbol name：宏名称。
real T：温度。
real Tref：参考温度。
real *h：焓值。
real *yi：组分。
- 返回值：real。
- 调用形式：编译或解释。

DEFINE_SPECIFIC_HEAT 宏中需要显式的定义焓的计算方式，示例代码如下：

```
#include "udf.h"
DEFINE_SPECIFIC_HEAT(my_user_cp, T, Tref, h, yi)
{
  real cp=2000.;
  *h = cp*(T-Tref);
  return cp;
}
```

4.3 动网格模型宏

Fluent 动网格方法中使用的 UDF 宏较多，这里只介绍使用频率最高的运动定义宏。Fluent 用于指定边界部件运动的宏主要有三个：DEFINE_CG_MOTION；DEFINE_GEOM；DEFINE_GRID_MOTION。

4.3.1 DEFINE_CG_MOTION

DEFINE_CG_MOTION 宏主要用于描述刚体的运动。所谓"刚体"，指的是在运动过程中部件几何形状不会发生任何改变，只是其质心位置发生改变。在定义刚体的运动时，通常以速度方式进行显式定义。

DEFINE_CG_MOTION 宏的结构很简单,形式如下:

```
DEFINE_CG_MOTION(name,dt,vel,omega,time,dtime)
```

其中 name——宏的名称,可以随意定义;

dt——一个指针 Dynamic_Thread *dt,存储动网格属性,通常不需要用户干预;

vel——平动速度,为一个数组,其中 vel[0]为 X 方向速度,vel[1]为 Y 方向速度,vel[2]为 Z 方向速度;

omega——转动速度,omega[0]为 X 方向角速度,omega[1]为 Y 方向角速度,omega[2]为 Z 方向角速度;

time——当前时间;

dtime——时间步长。

DEFINE_CG_MOTION 宏实际上是要返回数据 vel 或 omega。

示例 1:定义速度表达式

$$u_x = 2\sin(3t)$$

代码如下:

```
#include "udf.h"
DEFINE_CG_MOTION(velocity,dt,vel,omega,time,dtime)
{
  vel[0] = 2* sin(3*time);
}
```

示例 2:已知作用在部件上的力 F,计算部件在力 F 作用下的运动。

可以采用牛顿第二定律:

$$\int_{t_0}^{t} dv = \int_{t_0}^{t} (F/m) dt$$

则速度可写为:

$$v_t = v_{t-\Delta t} + (F/m)\Delta t$$

可写 UDF 宏为:

```
#include "udf.h"

static real v_prev = 0.0;
static real time_prev = 0.0;

DEFINE_CG_MOTION(piston,dt,vel,omega,time,dtime)
{
  Thread *t;
  face_t f;
  real NV_VEC(A);
  real force_x, dv;

  /* reset velocities */
  NV_S(vel, =, 0.0);
  NV_S(omega, =, 0.0);
  if (!Data_Valid_P())
```

```
    return;
  t = DT_THREAD(dt);

  force_x = 0.0;
  begin_f_loop(f,t)
    {
      F_AREA(A,f,t);
      force_x += F_P(f,t) * A[0];
    }
  end_f_loop(f,t)
  dv = dtime * force_x / 50.0;
  if (time > (time_prev + EPSILON))
    {
      v_prev += dv;
      time_prev = time;
    }
  Message("time = %f, x_vel = %f, x_force = %f\n", time, v_prev, force_x);
  vel[0] = v_prev;
}
```

此 UDF 常用于将刚体受力转化为运动速度的被动运动定义中。

4.3.2 DEFINE_GEOM

DEFINE_GEOM 宏用于定义部件的变形。
- 宏形式：DEFINE_GEOM (name, d, dt, position)。
- 宏参数：

symbol name：宏名称。
domain *d：区域指针。
dynamic_Thread *dt：动网格结构指针。
real *position：存储位置的数组指针。
- 返回值：无。
- 调用形式：编译。

一个简单的示例代码如下：

```
#include "udf.h"
DEFINE_GEOM(parabola,domain,dt,position)
{
    /* set y = -x^2 + x + 1 */
    position[1] = - position[0]*position[0] + position[0] + 1;
}
```

4.3.3 DEFINE_GRID_MOTION

利用宏 DEFINE_GRID_MOTION 可以指定节点的运动规律，该宏在一些复杂的运动定义中非常有用。
- 宏形式：DEFINE_GRID_MOTION (name, d, dt, time, dtime)。
- 宏参数：

symbol name：宏名称。
domain *d：区域指针。
dynamic_Thread *dt：动网格结构指针。
real time：当前时间。
real dtime：时间步长。
- 返回值：无。
- 调用形式：编译。

如下示例代码定义了一个区域内的网格运动。

```
#include "udf.h"

DEFINE_GRID_MOTION(beam,domain,dt,time,dtime)
{
   Thread *tf = DT_THREAD(dt);
   face_t f;
   Node *v;
   real NV_VEC(omega), NV_VEC(axis), NV_VEC(dx);
   real NV_VEC(origin), NV_VEC(rvec);
   real sign;
   int n;
   SET_DEFORMING_THREAD_FLAG(THREAD_T0(tf));
   sign = -5.0 * sin (26.178 * time);
   Message ("time = %f, omega = %f\n", time, sign);
   NV_S(omega, =, 0.0);
   NV_D(axis, =, 0.0, 1.0, 0.0);
   NV_D(origin, =, 0.0, 0.0, 0.152);
   begin_f_loop(f,tf)
   {
     f_node_loop(f,tf,n)
     {
      v = F_NODE(f,tf,n);
      if (NODE_X(v) > 0.020 && NODE_POS_NEED_UPDATE (v))
      {
       NODE_POS_UPDATED(v);
       omega[1] = sign * pow (NODE_X(v)/0.230, 0.5);
       NV_VV(rvec, =, NODE_COORD(v), -, origin);
       NV_CROSS(dx, omega, rvec);
       NV_S(dx, *=, dtime);
       NV_V(NODE_COORD(v), +=, dx);
      }
     }
   }
```

```
    }
    end_f_loop(f,tf);
}
```

4.3.4 DEFINE_SDOF_PROPERTIES

6DOF 模型涉及的 UDF 宏相对简单。只有一个 DEFINE_SDOF_PROPERTIES 宏。
- 宏形式：DEFINE_SDOF_PROPERTIES(name,properties,dt,time,dtime)。
- 宏参数：

symbol name:自定义的宏名。
real *properties:属性数组，存储各种几何属性，如质量、转动惯量等。
Dynamic_Thread *dt:一个存储动网格属性的结构指针，由 Fluent 传入。
real time:当前时间。
real dtime:时间步长。

实际上是要在宏文件中指定 properties 数组。properties 数组包含了很多的属性，如下所示：

```
SDOF_MASS      /* 质量 */
 SDOF_IXX,     /* 转动惯量 */
 SDOF_IYY,     /* 转动惯量 */
 SDOF_IZZ,     /* 转动惯量 */
 SDOF_IXY,     /* 惯量积 */
 SDOF_IXZ,     /* 惯量积 */
 SDOF_IYZ,     /* 惯量积 */
 SDOF_LOAD_LOCAL,  /* 布尔值，是否包含外部载荷 */
 SDOF_LOAD_F_X,    /* 外部力 */
 SDOF_LOAD_F_Y,    /* 外部力 */
 SDOF_LOAD_F_Z,    /* 外部力 */
 SDOF_LOAD_M_X,    /* 外部力矩 */
 SDOF_LOAD_M_Y,    /* 外部力矩 */
 SDOF_LOAD_M_Z,    /* 外部力矩 */
 SDOF_ZERO_TRANS_X,  /*布尔值，1 表示约束 X 方向位移*/
 SDOF_ZERO_TRANS_Y,  /* 布尔值，1 表示约束 Y 方向位移*/
 SDOF_ZERO_TRANS_Z,  /* 布尔值，1 表示约束 Z 方向位移*/
 SDOF_ZERO_ROT_X,    /* 布尔值，1 表示约束 X 方向转动*/
 SDOF_ZERO_ROT_Y,    /* 布尔值，1 表示约束 Y 方向转动*/
 SDOF_ZERO_ROT_Z,    /* 布尔值，1 表示约束 Z 方向转动*/
 SDOF_SYMMETRY_X,
 SDOF_SYMMETRY_Y,
 SDOF_SYMMETRY_Z,
```

如下 UDF 宏定义了一个质量为 800kg，X 方向转动惯量为 200 kg·m^2，Y 方向和 Z 方向转动惯量为 100 kg·m^2 的部件。

```
#include "udf.h"
DEFINE_SDOF_PROPERTIES(stage, prop, dt, time, dtime)
{
```

```
prop[SDOF_MASS] = 800.0;
prop[SDOF_IXX] = 200.0;
prop[SDOF_IYY] = 100.0;
prop[SDOF_IZZ] = 100.0;
printf ("\nstage: updated 6DOF properties");
}
```

4.4 源项定义

在 UDF 中定义源项通常利用宏 DEFINE_SOURCE 来实现。该宏可以应用的地方包括：质量、动量以及能量；k 与 epsilon；组分质量分数；P1 辐射模型；UDS 标量输运方程；颗粒温度（欧拉、混合多相流模型）。

4.4.1 DEFINE_SOURCE

- 宏形式：DEFINE_SOUCE(name, c, t ,dS, eqn)。
- 宏参数：

symbol name：用户自定义 UDF 名称。
cell_t c：加载源项的网格索引，由 Fluent 传入。
Thread *t：网格线索指针，Fluent 传入。
real dS[]：源项导数项数组。
int eqn：方程数量。

- 返回值：real。

DEFINE_SOURCE 宏包括 5 个参数，用户需要指定 UDF 名称，参数 c，t，ds 以及 eqn 均由 Fluent 传入。

源项的导数常用于线性化源项，增强求解稳定性。源项通常可表达为：

$$S_\phi = A + B\phi$$

式中，ϕ 为因变量，A 为源项的显式部分，$B\phi$ 为隐式部分。

指定合适的 B 值能够增加求解矩阵的对角项，有利于提高求解的稳定性及收敛速度。Fluent 自动判断用户输入的 B 值是否能够增强计算稳定性，如果能够提高稳定性，则 fluent 会定义：

$$A = S - \left(\frac{\partial S^*}{\partial \phi}\right)^* \phi^* B = \left(\frac{\partial S}{\partial \phi}\right)^*$$

用户必须在 UDF 中计算源项并将其返回至求解器，不过可以选择设置隐式项 dS[eqn]，也可以强制使隐式项为 0。

4.4.2 源项定义案例

用一个简单的案例描述 DEFINE_SOURCE 的处理方式。
如要定义一个动量源项：

假设:
$$Source = -0.5C_2\rho y |v_x| v_x$$

$$Source = S = -A|v_x|v_x$$

其中
$$A = 0.5c_2\rho y$$

因此:
$$\frac{dS}{dv_x} = -A|v_x| - Av_x \frac{d}{dv_x}(|v_x|)$$

源项返回值为:
$$Source = -A|v_x|v_x$$

因此可写成 UDF 为:

```
#include "udf.h"
#define C2 100.0
DEFINE_SOURCE(xmom_source,c,t,dS,eqn)
{
   real x[ND_ND];
   real con, source;
   C_CENTROID(x,c,t);
   con = C2*0.5*C_R(c,t)*x[1];
   source = -con*fabs(C_U(c, t))*C_U(c,t);
   dS[eqn] = -2.*con*fabs(C_U(c,t));
   return source;
}
```

4.5 UDS 及 UDS 宏

ANSYS Fluent 可以像求解组分输运方程一样求解任意用户自定义的标量方程。在某些燃烧应用中或在等离子体增强的表面反应建模中,可能需要求解额外的标量输运方程。ANSYS Fluent 允许在用户定义的 Scalars 对话框中定义模型中的附加标量传输方程。

4.5.1 单相流中的 UDS

对于任意标量 ϕk,ANSYS Fluent 求解方程:

$$\frac{\partial \rho \phi_k}{\partial t} + \frac{\partial}{\partial x_i}\left(\rho u_i \phi_k - \Gamma_k \frac{\partial \phi_k}{\partial x_i}\right) = S_{\phi_k}, \quad k=1,\cdots,N$$

式中,Γ_k 及 S_{ϕ_k} 分别为扩散系数及源项。注意到此处的 Γ_k 定义为各向异性扩散张量。因此扩散项为 $\nabla \cdot (\Gamma_k \cdot \phi_k)$。对于各向同性扩散,$\Gamma_k$ 可以被写作 $\Gamma_k I$,此处 I 为单位矩阵。

对于稳态问题,ANSYS Fluent 根据用于求解对流通量的算法,选择以下三个方程中的一个:

① 当不求解对流通量时，ANSYS Fluent 求解以下方程：

$$-\frac{\partial}{\partial x_i}\left(\Gamma_k \frac{\partial \phi_k}{\partial x_i}\right) = S_{\phi_k}, \quad k=1,\cdots,N$$

式中，Γ_k 及 S_{ϕ_k} 分别为扩散系数及源项。

② 当对流通量按照质量流量来计算时，ANSYS Fluent 求解方程：

$$\frac{\partial}{\partial x_i}\left(\rho u_i \phi_k - \Gamma_k \frac{\partial \phi_k}{\partial x_i}\right) = S_{\phi_k}, \quad k=1,\cdots,N$$

③ 指定一个用户定义函数计算对流通量。在这种情况下，用户定义的质量通量被假定为形式

$$F = \int_S \rho \vec{u} \cdot \mathrm{d}\vec{S}$$

式中，$\mathrm{d}\vec{S}$ 为向量面积。

> **注意**：在 MRF（Multiple Reference Frame）中，固体区域中的 UDS 不会考虑对流项。

4.5.2 多相流中的 UDS

在多相流中，ANSYS Fluent 求解两种类型的标量传输方程：单独相以及混合相。对于任意相 i 的标量 k，记作 ϕ_i^k，ANSYS Fluent 求解第 i 相的标量传输方程：

$$\frac{\partial \alpha_i \rho_i \phi_i^k}{\partial t} + \nabla \cdot (\alpha_i \rho_i \vec{u}_i \phi_i^k - \alpha_i \Gamma_i^k \nabla \phi_i^k) = S_i^k, \quad k=1,\cdots,N$$

式中，α_i、ρ_i 及 $\vec{u}_i$ 分别为第 i 相的体积分数、密度及速度。相应的 Γ_i^k 及 S_i^k 分别为扩散系数及源项。此处 ϕ_i^k 与某一单独的相相关。

第 i 相的质量通量定义为：

$$F_i = \int_S \alpha_i \rho_i \vec{u}_i \cdot \mathrm{d}\vec{S}$$

若传输变量 ϕ_i^k 为各相共享的物理场，此时可以将变量定义为与混合相相关，记作 ϕ_k，通用标量传输方程写为：

$$\frac{\partial \rho_m \phi^k}{\partial t} + \nabla \cdot (\rho_m \vec{u}_m \phi^k - \Gamma_m^k \nabla \phi_k) = S \cdots k_m, \quad k=1,\cdots,N$$

式中，混合密度 ρ_m、混合速度 $\vec{u}_m$ 及混合扩散系数 Γ_m^k 通过下式进行计算

$$rho_m = \sum_i \alpha_i \rho_i \quad \rho_m \vec{u}_m = \sum_i \alpha_i \rho_i \vec{u}_i \quad F_m = \int_S \rho_m \vec{u}_m \cdot \mathrm{d}\vec{S} \quad \Gamma_m^k = \sum_i \alpha_i \Gamma_i^k \quad S_m^k = \sum_i S_i^k$$

式中，rho_m 为混合物密度。为了计算混合扩散率，用户需要指定每一个单独相的扩散率。

4.5.3 Fluent 中定义 UDS

ANSYS Fluent 允许用户在模型中添加自定义标量（UDS）传输方程。

通用传输方程可以拆解成 4 个部分（瞬态项、对流项、扩散项以及源项）。用户自定义标量传输方程也必须能够拆解成这四项：

$$\underbrace{\frac{\partial \rho \phi_k}{\partial t}}_{\text{unsteady}} + \frac{\partial}{\partial x_i}\left(\underbrace{F_i \phi_k}_{\text{convection}} - \underbrace{\Gamma_k \frac{\partial \phi_k}{\partial x_i}}_{\text{diffusion}}\right) = \underbrace{S_{\phi_k}}_{\text{sources}}, \quad k = 1, \cdots, N$$

此外，用户还可以为特定标量方程的流体或固体区域单元内的变量设置边界条件。当给定的网格中 ϕ_k 为常数时不求解 UDS 标量传输。此外，用户还可以在所有墙壁、流入和流出边界上为每一个指定自定义边界条件。

在使用 UDS 时，一些情况下计算残差可能无法反映求解质量，此时应该在 UDS 上创建监视器，根据监视的变量值来判断求解的收敛性。采用以下控制方式可能有助于提高收敛性：

① 使用固定循环，如在 Advanced Solution Controls 对话框中使用 F-Cycle；
② 使用 BCGSTAB 稳定方法；
③ 使 ILU 光顺器；
④ 增加 Pre-Sweep 及 Post-sweeps 参数值；
⑤ 调整亚松弛因子。

迭代算法的设置见图 4-15。

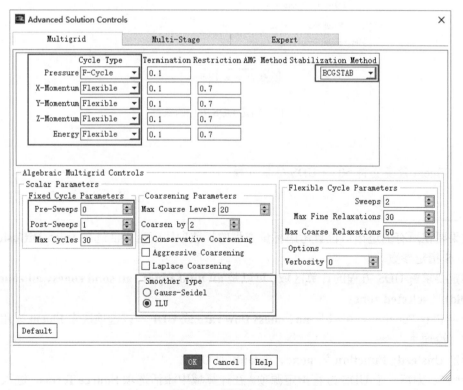

图 4-15 设置迭代算法

采用以下步骤在单相流中使用 UDS。

步骤 1：鼠标右键选择模型树节点 **Parameters & Customization → User Defined Scalars**，点击弹出菜单项 **New…** 打开对话框，如图 4-16 所示。

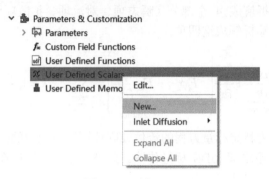

图 4-16 添加 UDS

步骤 2：在弹出的对话框中设置 **Number of User-Defined Scalars** 指定 UDS 方程的数量，如图 4-17 所示。

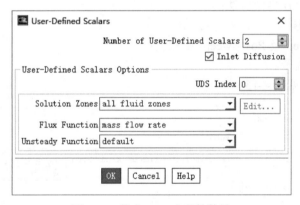

图 4-17 指定 UDS 方程的数量

> 注意：Fluent 最多支持 50 个 UDS 标量方程。

如果要在所有的进出口位置考虑标量方程的扩散项，应当激活选项 **Inlet Diffusion** 为每一个 UDS 指定参数。

指定要求解 UDS 方程的计算区域，可以是 **all fluid zones**、**all solid zones**、**all zones (fluid and solid)** 或 **selected zones**。

指定 Flux Funciton，可以是 **no**、**mass flow rate** 或 **UDF**。该选项决定 Fluent 采用何种方式求解对流通量。

指定 **Unsteady Function** 为 **none**、**default** 或 **UDF**。

步骤 3：为每一个 UDS 方程指定源项。在计算域中激活选项 **Source Terms**，进入 **Source Terms** 标签页，点开 **User Scalar** 后的 **Edit…** 按钮，打开设置对话框，如图 4-18 所示。

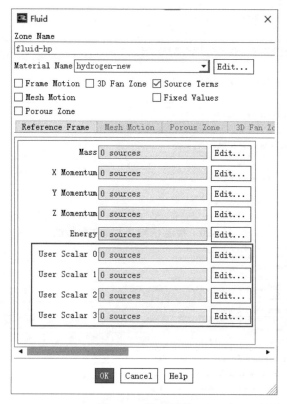

图 4-18 指定源项

步骤 4：对话框中通过参数 **Number of User Scalar0Sources** 指定源项的数量，如图 4-19 所示。

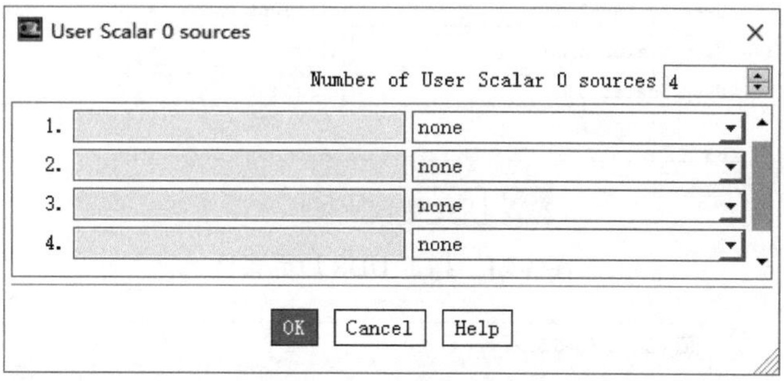

图 4-19 指定源项数量

步骤 5：打开材料编辑对话框指定 UDS 方程的扩散特性，如图 4-20 所示。
步骤 6：边界条件中指定 UDS 边界条件，如图 4-21 所示。
步骤 7：求解控制中指定 UDS 的求解计算参数。
步骤 8：指定 UDS 的初始条件并求解计算。
步骤 9：检查计算结果并后处理数据。

多相流中使用 UDS 与单向流类似，只不过在创建 UDS 时需要选择相应的相，如图 4-22 所示。其他过程与单向流相同。

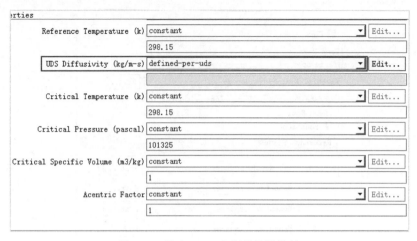

图 4-20　指定 UDS 方程的扩散特性

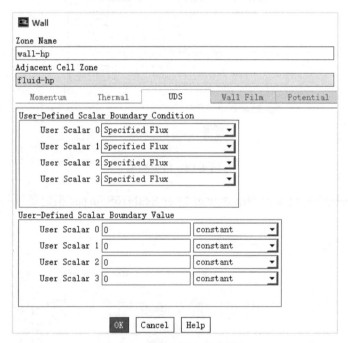

图 4-21　指定 UDS 边界条件

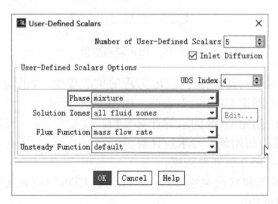

图 4-22　选择相

4.5.4 UDS 宏

ANSYS Fluent 能够求解自定义标量输运方程。本节介绍在 Fluent 中求解自定义标量方程需要使用的一些 UDF 宏。

对于用户在 ANSYS Fluent 模型中指定的每个标量方程，可以为标量输运方程中的扩散系数、通量以及瞬态项提供单独的 UDF 进行指定。对于多相流问题，用户还可以为每一相指定 UDF。另外，用户还可以利用 UDF 为标量方程指定源项以及边界条件。

① 扩散系数 用户可以利用 UDF 为流体或固体材料指定各向同性或各向异性的扩散系数。各相同性扩散系数通过 UDF 宏 DEFINE_DIFFUSIVITY 指定，而各向异性则使用 UDF 宏 DEFINE_ANISOTROPIC_DIFFUSIVITY 进行定义。

② 通量 利用 UDF 宏 DEFINE_UDS_FLUX 来指定通量。

③ 源项 UDS 中的源项采用 UDF 宏 DEFINE_SOURCE 进行指定，定义方式与普通的源项定义方式相同。

④ 边界条件 与一般的边界定义相同，UDS 中采用 DEFINE_PROFILE 宏来指定边界条件。

（1）DEFINE_ANISOTROPIC_DIFFUSIVITY

DEFINE_ANISOTROPIC_DIFFUSIVITY 用于定义各相异性扩散系数。

- 宏形式：DEFINE_ANISOTROPIC_DIFFUSIVITY(name,c,t,i,dmatrix)。
- 宏参数：

name：宏名称。
Symbol：类型。
c：网格单元索引，由 Fluent 传入，cell_t 类型。
t：网格索引指针，由 Fluent 传入，Thread *类型。
i：标量索引，int 类型。
dmatrix：一个 real 类型的数组，其定义为 real dmatrix[ND_ND][ND_ND]。

- 返回值：void。

该宏利用 dmatrix 返回扩散系数数据，因此在程序中要为 dmatrix 赋值，对于二维问题，dmatix 是一个 2×2 的数组，对于三维问题，则是一个 3×3 的数组。

（2）DEFINE_UDS_FLUX

DEFINE_UDS_FLUX 用于指定 UDS 中对流项的计算方式。

- 宏形式：DEFINE_UDS_FLUX(name, f, t, i)。
- 宏参数：

name：宏名称。
f：面索引，由 Fluent 传入，类型为 face_t。
t：面线索指针，由 Fluent 传入，数据类型为 Thread *。
i：标量索引，int 类型，由 Fluent 传入。

- 返回值：real。

DEFIEN_UDS_FLUX 宏包括四个参数，其中 name 由用户指定，f、t、i 由 Fluent 传入。

该宏需要利用 return 显示返回值。

微分形式的传输方程对流项具有以下的通用形式：

$$\nabla \cdot \vec{\psi}\phi$$

式中，ϕ 为用于自定义的守恒标量；$\vec{\psi}$ 为向量场。默认情况下的对流项中，$\vec{\psi}$ 为密度与速度向量的乘积：

$$\vec{\psi}_{default} = \rho\vec{v}$$

使用宏 DFFINE_UDS_FLUX 定义对流项时，UDF 必须返回标量值 $\vec{\psi} \cdot \vec{A}$，其中 $\vec{A}$ 为面法向方向的投影面积。注意 UDF 提供的通量场应当满足连续方程，意味着离散条件下每一个单元的通量之和应当为零。

在 UDF 中需要计算 $\vec{\psi}$，利用 Fluent 提供的预制宏计算速度及密度等参数，如下面的代码片段：

```
real NV_VEC(psi), NV_VEC(A);
NV_D(psi, =, F_U(f,t), F_V(f,t), F_W(f,t));
NV_S(psi, *=, F_R(f,t))
F_AREA(A,f,t)
return NV_DOT(psi,A);
```

（3）DEFINE_UDS_UNSTEADY

可以利用 DEFINE_UDS_UNSTEADY 宏自定义标量方程的瞬态项。

- 宏形式：DEFINE_UDS_UNSTEADY(name, c, t ,i ,apu ,su)。
- 宏参数：

symbol name：自定义的 UDF 名称。
cell_t c：网格索引。
Thread *t：网格索引指针。
int i：标量方程索引。
real *apu：中间系数指针。
real *su：源项指针。
返回值：void。

宏 DEFINE_UDS_UNSTEADY 包含 6 个参数，其中 name 为用户提供，c、t、i 由 Fluent 传入，在 UDF 中需要设定参数 apu 及 su 的值。

在 ANSYS Fluent 中，瞬态项被分解为源项 su 和中间系数项 apu：

$$unsteady = -\int \frac{\partial}{\partial t}(\rho\phi)\mathrm{d}V \approx -\left[\frac{(\rho\phi)^n - (\rho\phi)^{n-1}}{\Delta t}\right] \cdot \Delta V = -\frac{\rho\Delta V}{\Delta t}\phi^n + \frac{\rho\Delta V}{\Delta t}\phi^{n-1}$$

式中，第一项为 apu；第二项为 su。

如下面的代码片段：

```
#include "udf.h"
DEFINE_UDS_UNSTEADY(my_uds_unsteady,c,t,i,apu,su)
{
    real physical_dt, vol, rho, phi_old;
    physical_dt = RP_Get_Real("physical-time-step");
```

```
    vol = C_VOLUME(c,t);
    rho = C_R_M1(c,t);
    *apu = -rho*vol / physical_dt;/*implicit part*/
    phi_old = C_STORAGE_R(c,t,SV_UDSI_M1(i));
    *su = rho*vol*phi_old/physical_dt;/*explicit part*/
}
```

第5章 并行计算中的UDF

新版本的 Fluent 已经不再支持串行运行,哪怕指定其以 1 个 CPU 运行,Fluent 启动的依然是并行模式。对于常规计算来讲并没有多大影响,但对一些 UDF 的编译会产生影响。

5.1 并行 UDF 介绍

5.1.1 并行计算环境

与单 CPU 运行的串行计算不同,并行计算中涉及计算区域的分割、内存数据的共享与交互,其过程要比串行计算复杂得多。对于 UDF 程序来说,若设计不当,并行计算会严重影响整体计算效率,可能会出现 CPU 越多,计算越慢的现象。

Fluent 并行求解程序通过同时使用多个处理器来计算一个大问题,这些处理器可以在同一台机器上,也可以是存在于网络中的不同机器上。通过将计算域分割成多个分区,如图 5-1 所示,并将每个数据分区分配给不同的处理器(称为计算节点)进行计算。

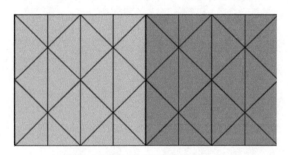

图 5-1 并行计算中的网格分区

每个计算节点在自己的计算区域执行与其他计算节点相同的程序,计算完毕后对重叠区域的数据进行插值,如图 5-2 所示。

并行计算中包含一个主节点(host 节点)。主节点不包含网格单元、面或节点(除非使用 DPM 共享内存模型),它的主要目的是解释来自 Cortex(负责用户界面和图形相关功能的 ANSYS Fluent 过程)的命令,然后将这些命令(和数据)传递给一个计算节点(称之为计算节点 0），该计算节点将这些命令（和数据）分发给其他计算节点（计算节点 1、计算节点 2…），整个流程如图 5-3 所示。

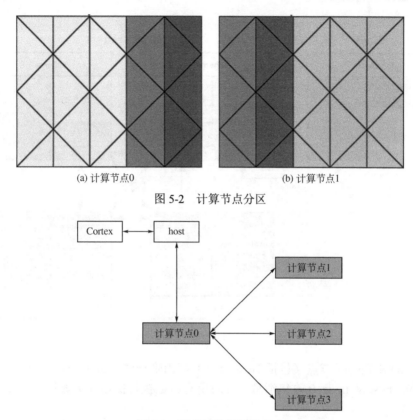

图 5-2　计算节点分区

图 5-3　节点间数据传递方式

计算节点在其网格上存储数据并执行计算，而沿着分区边界的单层重叠网格单元提供了跨分区边界的数据通信和连续性。即使对网格单元和网格面进行了分区，网格中的所有 Domain 和 Thread 也都镜像到每个计算节点上。Thread 与串行计算程序中一样以链表的形式存储。计算节点可以在使用相同或不同操作系统的大规模并行计算机、多 CPU 工作站或工作站网络上实现。

5.1.2　命令传递与通信

ANSYS Fluent 会话中涉及的过程由 Cortex、一个 host 节点和一组 n 个计算节点定义，计算节点标记为 0 到 $n-1$，如图 5-4 所示。主机接收来自 Cortex 的命令，并将命令传递给计算节点 node 0。然后，node 0 节点向所有其他计算节点发送命令。所有计算节点（0 除外）都从 node 0 节点接收命令。在计算节点（node 0）将消息传递到 host 之前，它们彼此之间进行数据同步。

每个计算节点实质上相互连接，并依赖其"通信器"执行诸如发送和接收数据、同步、执行全局约简（如对所有计算单元求和）和建立机器连接等功能。ANSYS Fluent 通信器是一个消息传递库，例如它可以是消息传递接口（message passing interface，MPI）标准的程序。

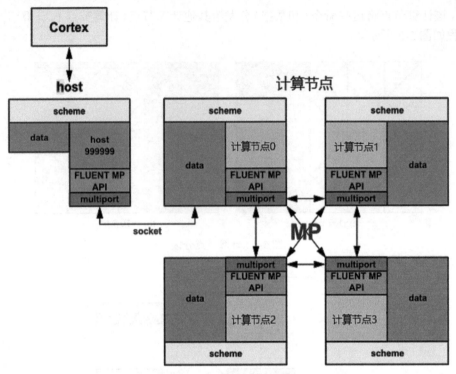

图 5-4　Fluent 中命令传递机制

所有 ANSYS Fluent 节点（包括 Host 节点）都由唯一的整数 ID 标识。host 节点被分配 ID 为 999999。host 从 node 0 收集消息，并对所有数据执行操作（例如打印、显示消息和写入文件）。

> 注意　所有对外操作都必须在 host 节点上完成。这在后面的 UDF 程序编写时要格外注意。

5.2　并行计算中的网格术语

并行计算中涉及网格的分割，因此需要引入一些术语来区分网格中不同类型的单元和网格面。注意这些术语仅适用于并行代码。

5.2.1　分区网格中的网格类型

分区网格中主要包括两种类型的网格单元：内部单元与外部单元。内部单元完全存在于网格分区中，外部单元不包含在网格分区中，而是通过一个或多个相邻分区连接到交界面节点，如图 5-5 所示。

如果一个外部单元与一个内部单元共享一个网格面，那么它被称为一个规则的外部单元（regular exterior cell）。如果外部单元只与内部单元共享一条边或一个节点，那么它被称为扩展外部单元（extended exterior cell）。一个计算节点上的外部单元对应于相邻计算节点上的相同内部单元。

当用户希望在并行网格中遍历网格单元时，这种分区边界上的单元复制就变得极为重要。有单独的宏用于遍历内部网格单元、外部单元以及所有单元。有关详细信息，请参阅循环宏。

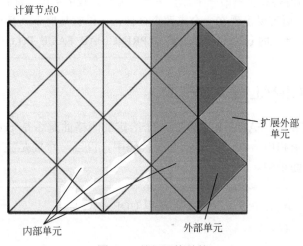

图 5-5　并行网格结构

5.2.2　分区边界上的网格面

在一个分区网格中有三种类型的网格面：内部面（interior face）、边界面（boundary zone face）和外部面（external face）。内部面包含两个相邻的网格，其位于分区边界（partition boundary）上的内部面称为分区边界面。边界面位于物理网格边界上，只有一个相邻的网格单元。外部面是属于外部单元的非分区边界面。外部面通常不用于并行 UDF。分区边界如图 5-6 所示。

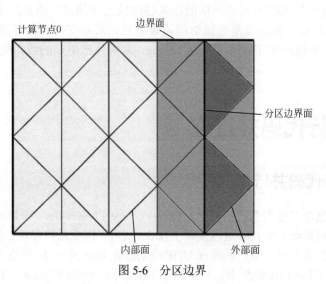

图 5-6　分区边界

> **注意** 每个分区边界面在相邻的计算节点上是重复的。这是必要的，这样每个计算节点都可以计算自己的面值。然而，当 UDF 涉及在包含分区边界面的 Thread 中对数据求和的操作时，这种重复会导致界面（face）上的数据被计算两次。例如，如果 UDF 对一个网格中的所有面求和，那么当每个节点在其面上循环时，重复的分区边界面会被计算两次。因此，Fluent 将每个相邻网格集合中的一个计算节点作为划分边界面的"principal"计算节点。换句话说，虽然每个面可以出现在一个或两个分区上，但它只能正式属于其中的一个。如果面 f 是当前计算节点上的 principal 面，则宏 PRINCIPAL_FACE_P(f,t)返回 TRUE。

5.2.3 PRINCIPAL_FACE_P

可以使用 PRINCIPAL_FACE_P 宏测试一个给定的网格面是否是 principal 面，然后再将其包含到一个面循环求和中。在下面的示例源代码中，仅当一个面是主 principal 面时，它的面积才会添加到整个面积中。

> **注意** PRINCIPAL_FACE_P 宏只能用于编译型 UDF 中。
> ```
> begin_f_loop(f,t)
> if PRINCIPAL_FACE_P(f,t)
> {
>     F_AREA(area,f,t);
>     total_area +=NV_MAG(area);
> }
> end_f_loop(f,t)
> ```

5.2.4 外部 Thread 数据存储

每个 Thread 将与其网格单元或网格面相关联的数据存储在一组数组中。例如，压力存储在一个数组中，单元格 c 的压力是通过访问该数组的元素 c 获得的。外部单元和面数据存储在每个 Thread 数据数组的末尾。对于单元 Thread，常规外部单元的数据先于扩展外部单元的数据。

5.3 串行代码并行化

5.3.1 串行代码并行化的任务

Fluent 求解器包含三种类型的执行器：Cortex、host 以及 node。当 Fluent 运行时，启动 1 个 Cortex 实例，之后启动 1 个 host 进程及 n 个 nodes 进程，因此总共有 $n+2$ 个运行进程。在并行计算（串行计算也推荐）时，用户需确保 UDF 成功地在 host 及 node 节点上运行。首先，可能需要用户准备两个不同的 UDF 版本：一个用于 host，另一个用于 node。不过最好的做法是编写一个 UDF，使其编译后可以在不同的版本上运行，这个过程称之为串行 UDF 的并行化处理。

用户可以向 UDF 中添加特殊的宏和编译器指令来实现这一过程。

编译器指令（例如#if RP_NODE、RP_HOST）及其否定形式，能够指定编译器只编译 UDF 中应用于特定处理器的代码，而忽略其余部分。关于编译器指令的使用，我们在后面再详细描述。

如果串行 UDF 执行一个依赖于其他计算节点(或主机)发送或接收数据的操作，或者使用在 Fluent 18.2 之后版本引入的宏类型，那么该串行 UDF 必须是能够并行的。还有一些操作必须将串行代码并行化：

① 文件读写；
② Global Reductions；
③ 全局求和；
④ 全局求最小及最大值；
⑤ 全局求逻辑值；
⑥ 一些包含网格及网格面的循环；
⑦ 在 console 窗口显示消息；
⑧ 向 host 或 node 节点打印信息。

当串行代码实现并行化修改后，即可采用与串行代码相同的方式进行编译及挂载。

5.3.2 DPM 模型的并行化

DPM 模型可以使用两种并行方式：共享内存（shared memory）及消息传递（message passing）。

当用户使用 DPM 相关的 UDF 宏时，其必须以上面两种并行方式中的一种运行。由于 DPM 模型所需的所有流体变量保存在被跟踪的颗粒的数据结构中,因此在并行 Fluent 中使用 DPM UDF 时无需特别注意。不过以下两种情况例外。

① 当使用 DEFINE_DPM_OUTPUT 宏输出颗粒信息时,不允许使用 c 函数 frprintf,此时应当使用特定的函数 par_fprintf 及 par_fprintf_head 采用并行方式写入文件。每个计算节点将颗粒信息写入到一个单独的临时文件，之后由 Fluent 排序后输出到最终文件。特定的输出函数与 c 函数 fprintf 采用相同的参数列表，但在当 Fluent 需要对文件进行排序时，需要指定一个扩展的参数列表。

② 当存储颗粒信息时并行模拟时需要使用特定的变量，这些变量可以通过宏 TP_USER_REAL(tp, i)和 PP_USER_REAL(p, i)访问，tp 是类型 Tracked_Particle，p 是类型 Particle 只有这些颗粒信息才能跨越分区边界，而其他局部或全局变量无法跨越分区边界。

> **注意** 如果想要访问其他数据（如单元网格上的物理量），那么除了共享内存的并行方式外，用户可以访问所有流动和求解变量，但是如果采用了共享内存的方式，则只能访问宏 SV_DPM_LIST 和 SV_DPMS_LIST 中定义的变量。这些宏在 dpm.h 文件中定义。

5.4 并行 UDF 宏

本节包含可以用来并行化串行 UDF 的宏。这些宏的定义包含在头文件 para.h 中。

5.4.1 编译器指令

在将 UDF 转化为并行时,代码中的某些部分可能需要由 host 节点完成,而另一部分则可能需要由 node 节点完成。通过使用 Fluent 提供的编译器指令,可以分别指定代码哪些部分由 host 或 node 节点运行。用户为 host 和 node 节点编写一个 UDF 源文件,但是编译后可以生成不同的动态链接库版本。如用户可以将打印任务分配给 host 节点,将计算整个区域网格的总体积的任务分配给 node 节点。由于大多数操作系统是由 host 或 node 节点执行的,因此通常采用否定形式的编译器指令。

需要注意,host 节点的主要目的是解释来自 Cortex 的命令或数据,并将命令或数据传递给 node 0 节点。由于 host 节点中不包含网格数据,因此需要格外小心不要在任何计算中调用 host 节点中的数据,以防出现分母为零的情况。在这种情况下,需要将这些操作包裹在 #if !RP_HOST 指令中,以指示编译器在执行与网格相关的计算时忽略 host 节点。如想要利用 UDF 计算一个面 Thread 上的总面积,之后利用该总面积计算物理量的通量,如果不将 host 排除在操作之外,则 host 节点得到的总面积为零,当 UDF 试图除以零计算通量时,将会出现浮点异常的错误提示。

代码示例如下:

```
#if !RP_HOST
    avg_pres = total_pres_a / total_area;
#endif
```

上述代码指定了求商操作在 node 节点上完成。

当需要从没有数据的操作中排除 node 节点时,可以使用#if !RP_NODE 指令。

下述代码是一个并行编译器指令的列表,以及它们的作用:

```
#if RP_HOST
    /* 只在 Host 节点中处理*/
#endif


#if RP_NODE
    /* 只在 Node 节点中处理*/
#endif


#if !RP_HOST
    /* 只在 Node 节点中处理*/
#endif


#if !RP_NODE
    /*只在 Host 节点中处理*/
#endif
```

下述 UDF 简单展示了编译器指令的使用。DEFINE_ADJUST 宏中定义了一个名为 where_am_i 的函数。此函数查询以确定正在执行哪种类型的进程,然后在计算的节点上显示一条消息。

```
#include "udf.h"
DEFINE_ADJUST(where_am_i, domain)
```

```
{
    #if RP_HOST
        Message("I am in the host process\n");
    #endif /* RP_HOST */

    #if RP_NODE
        Message("I am in the node process with ID %d\n",myid);
    #endif /* RP_NODE */
}
```

5.4.2　host 与 node 节点通信

不同类型处理器之间的简单功能分配在实际情况下是有用的。例如，用户可能希望在运行特定计算时(通过使用 RP_NODE 或!RP_HOST)在计算节点上显示一条消息。或者用户也可以选择指定 host 进程来显示消息(通过使用 RP_HOST 或!RP_NODE)。通常，用户希望主机进程只写一次消息。或者用户可能希望从所有 nodes 收集数据，并从 host 打印一次总数。要执行这种类型的操作，UDF 需要在进程之间进行某种形式的通信。最常见的通信模式是 host 和 node 进程之间的通信。

Fluent 提供了两个宏用于 host 与 node 节点之间的数据通信：**host_to_node_type_num** 及 **node_to_host_type_num**。

（1）host-to-node 数据传递

从 host 节点向所有 node 节点发送数据，可以使用宏 host_to_node_type_num。该宏的表达形式为：

```
host_to_node_type_num(val_1, val_2,...,val_num);
```

其中，num 是将在参数列表中传递的变量的数量，type 是将传递的变量的数据类型。可以传递的变量的最大数量是 7。数组和字符串也可以一次一个地从主机传递到节点，如下面的示例所示。

```
/* integer and real variables passed from host to nodes */
host_to_node_int_1(count);
host_to_node_real_7(len1, len2, width1, width2, br1, br2, vol);

/* string and array variables passed from host to nodes */
char wall_name[]="wall-17";
int thread_ids[10] = {1,29,5,32,18,2,55,21,72,14};

host_to_node_string(wall_name,8); /* remember terminating NUL character */
host_to_node_int(thread_ids,10);
```

> **注意**　host_to_node 通信宏不需要受并行 UDF 的编译器指令保护，因为所有这些宏都会自动执行以下操作：
> ① 如果编译为 host 版本，则发送数据；
> ② 若编译为 node 版本，则接收数据。

这组宏最常见的用途是将参数或边界条件从 host 传递给 node 节点。

（2）node-to-host 数据传递

从 node 0 节点向 host 节点发送数据，可以使用宏 node_to_host_type_num。该宏的表达形式为：

```
node_to_host_type_num(val_1,val_2,...,val_num);
```

其中，num 是将在参数列表中传递的变量的数量，type 是将传递的变量的数据类型。可以传递最多 7 个变量。如果想要传递更多的变量，可以使用数组。数组和字符串可以一次一个地从主机传递到节点，如下面的代码所示。

```
/* integer and real variables passed from compute node-0 to host */
node_to_host_int_1(count);
node_to_host_real_7(len1, len2, width1, width2, bre1, bre2, vol);

/* string and array variables passed from compute node-0 to host */
char *string;
int string_length;
real vel[ND_ND];

node_to_host_string(string,string_length);
node_to_host_real(vel,ND_ND);
```

host_to_node 宏是 host 节点将数据传递给所有的 node 节点（通过 node 0 节点间接传递），而 node_to_host 宏只是 node 0 节点向 host 节点传递数据。

> **注意**
>
> node_to_host 宏不需要编译器指令(例如#if RP_NODE)的保护，因为它们会自动执行以下操作：
> ① 如果节点是 node 0，并且将 UDF 编译为 node 版本，则发送数据；
> ② 如果 UDF 编译为 node 版本，但节点不是 node 0，则什么事情都不做；
> ③ 如果 UDF 编译为 host 版本，则接收数据。

这组宏最常见的用法是将 node 0 结果传递给 host。

5.4.3 逻辑判断

在并行 Fluent 中有许多可以扩展为逻辑测试的宏。这些逻辑宏称为判断式，由后缀 P 表示，可以用作 UDF 中的测试条件。如果满足括号中的条件，以下判断式将返回 TRUE。

```
# define MULTIPLE_COMPUTE_NODE_P (compute_node_count > 1)
# define ONE_COMPUTE_NODE_P (compute_node_count == 1)
# define ZERO_COMPUTE_NODE_P (compute_node_count == 0)
```

有许多判断式允许使用计算节点 ID 来测试 UDF 中 node 节点标识。计算节点的 ID 存储为全局整数变量 myid。下面列出的每个宏都可以用来测试进程 myid 的某些条件。例如，判断式 I_AM_NODE_ZERO_P 将 myid 的值与 node 0 的 ID 进行比较，并在两者相同时返回 TRUE。另一方面，I_AM_NODE_SAME_P(n)比较在 n 中传递的计算节点 ID 和 myid。当两个 ID 相同时，函数返回 TRUE。节点 ID 判断式通常用于 UDF 中的 if 条件语句。

```
# define I_AM_NODE_HOST_P (myid == host)
# define I_AM_NODE_ZERO_P (myid == node_zero)
# define I_AM_NODE_ONE_P (myid == node_one)
# define I_AM_NODE_LAST_P (myid == node_last)
# define I_AM_NODE_SAME_P(n) (myid == (n))
# define I_AM_NODE_LESS_P(n) (myid < (n))
# define I_AM_NODE_MORE_P(n) (myid > (n))
```

在一个分区网格中，一个面可能同时出现在一个或两个分区中，为了使求和操作不重复计算它，它只被正式分配给一个分区。上面的判断式与相邻网格的分区 ID 一起使用，以确定它是否属于当前分区。使用的约定是将编号较小的计算节点指定为该面的 principal 计算节点。如果面位于其 principal 计算节点上，则 PRINCIPAL_FACE_P 返回 TRUE。当希望对面执行全局且其中一些面是分区边界面时，可以使用该宏作为测试条件。下面是来自 para.h 的 PRINCIPAL_FACE_P 的定义。

```
/* predicate definitions from para.h header file */
# define PRINCIPAL_FACE_P(f,t) (!TWO_CELL_FACE_P(f,t) || \
  PRINCIPAL_TWO_CELL_FACE_P(f,t))

# define PRINCIPAL_TWO_CELL_FACE_P(f,t) \
  (!(I_AM_NODE_MORE_P(C_PART(F_C0(f,t),THREAD_T0(t))) || \
  I_AM_NODE_MORE_P(C_PART(F_C1(f,t),THREAD_T1(t)))))
```

5.4.4 全局约简

全局约简（global reduction）操作是从所有计算节点收集数据，并将数据约简为单个值或数组的操作。这些操作包括全局求和、全局最大值和最小值以及全局逻辑判断等。这些宏以前缀 PRF_G 开头，在头文件 prf.h 中定义。全局求和宏用后缀 SUM 表示，全局最大值用 HIGH 表示，全局最小值用 LOW 表示。后缀 AND 和 OR 标识全局逻辑。

变量数据类型在宏名称中标识，其中 R 表示实际数据类型，I 表示整数，L 表示逻辑。例如，宏 PRF_GISUM 为查找计算节点上整数的总和。

每个全局约简宏都有两个不同的版本：一个采用单个变量参数，另一个采用变量数组。

宏名称中带有后缀 1 的宏接受一个参数，并返回单个值作为全局约简结果。例如，宏 PRF_GIHIGH1(x)接受一个参数 x 并在所有计算节点中计算变量 x 的最大值，然后返回该值，代码如下所示。

```
{
  int y;
  int x = myid;
  y = PRF_GIHIGH1(x);
}
```

没有 1 后缀的宏计算全局约简变量数组。这些宏有三个参数:x、N 和 iwork。其中 x 是一个数组, N 是数组中元素数量, iwork 是一个与临时存储所需的 x 类型和大小相同的数组。这种类型的宏被传递给一个数组 x，数组 x 的元素在从函数返回后被新的结果填充。例如，宏 PRF_GIHIGH(x,N,iwork)计算 x 数组中每个元素在所有计算节点上的最大值，使用数组 iwork 作为临时存储，并通过将每个元素替换为结果的全局最大值来修改数组 x。该函数不返回值。

```
{
    real x[N], iwork[N];
    PRF_GRHIGH(x,N,iwork);
}
```

5.4.5 全局求和

可用于计算变量的全局和的宏由后缀 SUM 标识。宏 PRF_GISUM1 及 PRF_GISUM 分别计算整数变量和整数变量数组的全局和。

PRF_GRSUM1(x)跨越所有计算节点计算是变量 x 的和。运行单精度版本的 Fluent 时，全局和为浮点型，运行双精度版本时，全局和为双精度型。另外，PRF_GRSUM(x,N,iwork)在双精度时返回浮点（float）数组，单精度返回 double 数组。全局求和宏见表 5-1。

表 5-1 全局求和宏

宏形式	说明
PRF_GISUM1(x)	返回所有计算节点上整型变量 x 的和
PRF_GISUM(x,N,iwork)	设置数组 x 存储所有计算节点上的和
PRF_GRSUM1(x)	返回所有计算节点上的变量 x 的和，单精度返回 float，双精度返回 double
PRF_GRSUM(x,N,iwork)	设置 x 为包含所有计算节点上变量的和的数组，单精度返回 float 数组，双精度返回 double 数组

注：数组调用为传址调用。

5.4.6 全局最大最小值

与全局求和类似，后缀为 HIGH 及 LOW 的宏用于计算全局的最大值与最小值，见表 5-2。

表 5-2 全局的最大最小值宏

宏形式	说明
PRF_GHIGH1(x)	返回所有计算节点上整型变量 x 的最大值
PRF_GHIGH(x,N,iwork)	设置 x 为包含所有计算节点上最大值的数组
PRF_GRHIGH1(x)	返回所有计算节点上的变量 x 的最大值，单精度返回 float，双精度返回 double
PRF_GRHIGH(x,N,iwork)	设置 x 为包含所有计算节点上变量最大值的数组，单精度返回 float 数组，双精度返回 double 数组
PRF_GILOW1(x)	设置 x 为包含所有计算节点上的最小值
PRF_GILOW(x,N,iwork)	设置 x 为包含所有计算节点上最小值的数组
PRF_GRLOW1(x)	返回所有计算节点上的变量 x 的最小值，单精度返回 float，双精度返回 double
PRF_GRLOW(x,N,iwork)	设置 x 为包含所有计算节点上变量最小值的数组，单精度返回 float 数组，双精度返回 double 数组

5.4.7 全局逻辑值

后缀 AND 及 OR 的宏可用于计算全局逻辑与及逻辑或的值。宏 PRF_GLOR1(x)可以跨所有计算节点计算变量 x 的全局逻辑或。PRF_GLOR(x,N,iwork)计算变量数组 x 的全局逻辑或。如果计算节点上的任何对应元素为 TRUE，则将 x 的元素设置为 TRUE。全局逻辑宏见表 5-3。

表 5-3　全局逻辑宏

宏形式	说明
PRF_GLOR1(x)	任何计算节点值为 TRUE 则返回 TRUE
PRF_GLOR1(x,N,work)	任何元素为 TRUE 则返回 TRUE
PRF_GLAND1(x)	所有计算节点 x 值为 TRUE 则返回 TRUE
PRF_GLAND(x)	所有变量数组元素为 TRUE 则返回 TRUE

5.4.8　全局同步

如果希望在执行下一个操作之前全局同步计算节点，可以使用 PRF_GSYNC()。当在 UDF 中插入 PRF_GSYNC 宏时，在源代码中的上述命令在所有计算节点上完成之前，不会执行任何其他命令。在调试函数时，全局同步可能也很有用。

5.5　并行数据遍历

数据遍历在 UDF 中使用颇为普遍，本节描述 UDF 并行代码中与众不同的遍历宏。

并行 UDF 代码中存在一些与串行代码不同的遍历宏。并行分区网格由内部网格（interior cell）与外部网格（exterior cell）组成。Fluent 提供了一组单元循环宏，用户可以使用它们来循环内部单元、外部单元、内部单元面与外部单元面。

5.5.1　内部网格遍历

宏 begin...end_c_loop_int 可以在分区网格上遍历内部网格单元。它包含一个 begin 和 end 语句，在这些语句之间，可以依次对 thread 的每个内部单元格执行操作。宏被传递一个单元索引 c 和一个单元 thread 指针 tc。

使用形式：

```
begin_c_loop_int(c,tc)
{
    ...
}
end_c_loop_int(c,tc)
```

例如以下的示例代码：

```
real total_volume = 0.0;
begin_c_loop_int(c,tc)
{
    total_volume += C_VOLUME(c,tc);
}
end_c_loop_int(c,tc)
```

5.5.2 外部网格遍历

Fluent 提供了 3 个宏用于遍历外部网格（如图 5-7 所示）：
① begin,end_c_loop_rext 遍历 regular 外部网格；
② begin,end_c_loop_eext 遍历 extended 外部网格；
③ begin,end_c_loop_ext 遍历所有的 regular 及 extended 外部网格。

每个宏包含一个 begin 和 end 语句，在这些语句之间，可以依次对每个 Thread 的外部单元执行操作。宏参数包括一个单元索引 c 和单元 Thread 指针 tc。宏使用形式如下：

```
begin_c_loop_ext(c, tc)
{
    ...
}
end_c_loop_ext(c,tc)
```

> 注意：通常情况下并不需要使用外部网格遍历宏。

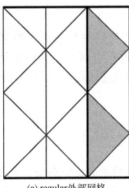  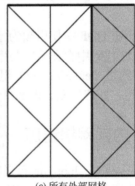

(a) regular 外部网格　　(b) extended 外部网格　　(c) 所有外部网格

图 5-7　外部网格示意

5.5.3 内部及外部网格遍历

有两个宏可以用来遍历分区网格中的内部网格及部分或全部外部单元格：
① begin,end_c_loop 宏遍历所有内部网格与 regular 外部网格，如图 5-8（a）所示；
② begin,end_c_loop_int_ext 宏遍历所有内部网格与所有外部网格，如图 5-8（b）所示；

每个宏包含一个 begin 语句和一个 end 语句，在这些语句之间，可以依次对每个 Thread 的内部及外部单元执行操作。宏参数包括一个单元索引 c 和单元 thread 指针 tc。

```
begin_c_loop(c,tc)
{
    ...
}
end_c_loop(c,tc)
```

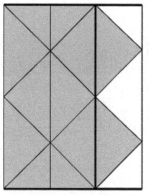 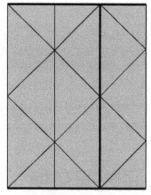

(a) 内部网格与regular外部网格　　(b) 内部网格与所有外部网格

图 5-8　网格示意

示例代码如下:

```
real temp;
begin_c_loop(c,tc)
{
    temp = C_T(c,tc);
    C_UDMI(c,tc,0) = (temp - tmin) / (tmax - tmin);
}
end_c_loop(c,tc)
```

5.5.4　遍历所有网格面

并行 Fluent 中包含两种面: 内部网格面 (interior face) 以及边界面 (boundary zone face)。利用宏 begin,end_f_loop 可以遍历计算节点上的内部面以及边界面。此宏包含 begin 以及 end 语句, 宏形式为:

```
begin_c_loop(f,tf)
{
    ...
}
end_f_loop(f,tf)
```

> **注意**　UDF 中还存在 begin_f_loop_int 和 begin_f_loop_ext 循环宏, 它们分别遍历一个计算节点的内部面和外部面。_int 形式等同于 begin_c_loop_int。尽管这些宏存在, 但它们在 UDF 中没有实际应用, 通常情况下不应该使用它们。

分区边界面 (partition boundary face) 位于两个相邻计算节点之间的边界上, 并且存在于两个计算节点上。因此, 当执行一些计算时 (如求和), 分区边界面在一个面循环中会被计算两次。可以通过使用 PRINCIPAL_FACE_P 来测试当前节点是否是 face 循环宏中的 face 的主要计算节点来纠正。示例代码如下:

```
begin_f_loop(f,tf)
if PRINCIPAL_FACE_P(f,tf)
{
```

```
    F_AREA(area,f,tf);
    total_area += NV_MAG(area);
    total_pres_a += NV_MAG(area)*F_P(f,tf);
}
end_f_loop(f,tf)
total_area = PRF_GRSUM1(total_area);
total_pres_a = PRF_GRSUM1(total_pres_a);
```

5.6 节点间数据交换

除了访问网格数据的遍历宏外，并行 UDF 中还需要考虑计算节点之间的数据通信，一般采用数据交换宏来实现。

5.6.1 网格单元及网格面分区 ID

通常网格单元及网格面都有一个分区 ID，其编号从 0～n-1，这里 n 为计算节点的数量。网格单元及网格面的分区 ID 分别存储在宏 C_PART 及 F_PART 中。

宏 C_PART(c,tc)存储整型的网格单元 ID，宏 F_PART(c,tc)存储网格面的整型分区 ID。

注意   myid 可以与分区 ID 一起使用，因为外部网格单元的分区 ID 等同于相邻计算节点的 ID。

5.6.2 网格单元分区 ID

对于内部网格单元，其分区 ID 与计算节点 ID 相同。对于外部网格单元，其计算节点 ID 与分区 ID 不同。例如，在有两个计算节点(0 和 1)的并行系统中，计算节点 node 0 的外部单元的分区 ID 为 1，计算节点 node 1 的外部单元的分区 ID 为 0。

5.6.3 网格面分区 ID

内部网格面（interior face）与边界面（boundary zone face）的分区 ID 与计算节点 ID 相同。分区边界面（partition boundary face）的分区 ID 可以与计算节点的 ID 相同，也可以与相邻计算节点 ID 相同，这取决于宏 F_PART 的值。

一个计算节点的外部单元只有分区边界面，其他的网格面属于相邻的计算节点。根据想要处理 UDF 的计算节点，可能希望将分区边界的分区作为计算节点(使用 Fill_Face_Part_With_Same)或使用不同的 ID(使用 Fill_Face_Part_With_Different)来填充分区边界面。在使用 F_PART 宏访问分区 ID 之前，需要先填充它们。在并行 UDF 中很少需要网格面的分区 ID。

5.6.4 消息显示

通过编译器指令（例如#if RP_NODE），可以使 Message 在 host 或 node 节点上显示消息。

示例代码如下：

```
#if RP_NODE
    Message("Total Area Before Summing %f\n",total\_area);
#endif
```

在上述代码中，消息将由 node 节点发送（host 不会发送）。

Message0 是一种特殊形式。Message0 只在 node 0 节点发送消息，在其他计算节点上被忽略，且不需要使用编译器指令。

```
Message0("Total volume = %f\n",total_volume)
```

5.6.5 消息传递

当想要将数据从 host 发送到所有的 node 时，可以使用 host_to_node 宏；当想要从 node 0 发送数据给 host 时，可以使用 node_to_host 宏。这两个宏称之为高级宏（High-lever Macro）。如果想要在计算节点之间传递数据，或者将所有计算节点的数据发送给 node 0 节点时，无法使用这些高级宏，此时需要利用其他的宏来实现。

需要注意，高级通信宏被展开为执行许多低级消息传递操作的函数，这些操作将数据作为单个数组从一个处理器发送到其他的处理器。通过宏名称的字符标识 SEND 及 RECV 可以方便识别这些低级消息传递宏。用于向处理器发送数据的宏具有前缀 PRF_CSEND，而用于从其他处理器接收数据的宏具有前缀 PRF_CRECV。被发送或接收的数据类型包括：字符型（CHAR）、整数型（INT）、实数型（REAL）及逻辑型（BOOLEAN）。

逻辑布尔变量为 TRUE 或 FALSE，实数型在单精度 Fluent 版本中为 float，双精度版本中为 double。消息传递宏在 prf.h 头文件中定义，包含以下类型：

```
PRF_CSEND_CHAR(to, buffer, nelem, tag)
PRF_CRECV_CHAR (from, buffer, nelem, tag)
PRF_CSEND_INT(to, buffer, nelem, tag)
PRF_CRECV_INT(from, buffer, nelem, tag)
PRF_CSEND_REAL(to, buffer, nelem, tag)
PRF_CRECV_REAL(from, buffer, nelem, tag)
PRF_CSEND_BOOLEAN(to, buffer, nelem, tag)
PRF_CRECV_BOOLEAN(from, buffer, nelem, tag)
```

这些消息传递宏都包含 4 个参数。

对于消息发送宏，参数说明见表 5-4。

表 5-4 消息发送宏

参数	说明
to	数据被发送的目的节点 ID
buffer	被发送的数组名
nelem	数组元素数目
tag	用户自定义消息标识，约定在发送消息时使用 myid

对于消息接收宏，其参数说明见表 5-5。

表 5-5 消息接收宏

参数	说明
from	消息来源节点 ID
buffer	接收的数组名
nelem	数组元素的数目
tag	发送数据的节点 ID，按惯例其与 from 参数相同

> **注意** 如果要发送或接收的变量在函数中定义为 real 变量，那么可以使用带有 _REAL 后缀的宏传递消息。之后编译器在双精度版本中将宏替换为 PRF_CSEND_DOUBLE 或 PRF_CRECV_DOUBLE，在单精度版本中将其替换为 PRF_CSEND_FLOAT 或 PRF_CRECV_FLOAT。

因为消息传递宏是低级宏，所以需要确保在从节点处理器发送消息时，相应的接收宏出现在接收节点处理器中。

> **注意** UDF 不能直接使用消息传递宏从计算节点（0 以外）发送消息到 host 节点。它们可以通过计算节点 node 0 间接地向主机发送消息。例如，如果希望并行 UDF 将所有计算节点的数据发送到 host 节点进行后处理，则必须首先将数据从每个计算节点传递到 node 0 节点，然后从 node 0 节点传递到 host 节点。在计算节点向 node 0 发送消息时，node 0 节点必须有一个循环来接收来自 N 个节点的 N 条消息。

下面是一个编译型的并行 UDF 示例，它利用消息传递宏 PRF_CSEND 和 PRF_CRECV。

```
#include "udf.h"
#define WALLID 3

DEFINE_ON_DEMAND(face_p_list)
{
  #if !RP_HOST /* Host will do nothing in this udf. */
    face_t f;
    Thread *tf;
    Domain *domain;
    real *p_array;
    real x[ND_ND], (*x_array)[ND_ND];
    int n_faces, i, j;

    domain=Get_Domain(1); /* Each Node will be able to access its part of the domain */

    tf=Lookup_Thread(domain, WALLID); /* Get the thread from the domain */

    /* The number of faces of the thread on nodes 1,2... needs to be sent
    to compute node-0 so it knows the size of the arrays to receive
    from each */
```

```
    n_faces=THREAD_N_ELEMENTS_INT(tf);

  /* No need to check for Principal Faces as this UDF
     will be used for boundary zones only */

  if(! I_AM_NODE_ZERO_P) /* Nodes 1,2... send the number of faces */
    {
      PRF_CSEND_INT(node_zero, &n_faces, 1, myid);
    }

    /* Allocating memory for arrays on each node */
    p_array=(real *)malloc(n_faces*sizeof(real));
  x_array=(real (*)[ND_ND])malloc(ND_ND*n_faces*sizeof(real));

  begin_f_loop(f, tf)
    /* Loop over interior faces in the thread, filling p_array
       with face pressure and x_array with centroid */
    {
      p_array[f] = F_P(f, tf);
      F_CENTROID(x_array[f], f, tf);
    }
  end_f_loop(f, tf)

  /* Send data from node 1,2, ... to node 0 */
  Message0("\nstart\n");

  if(! I_AM_NODE_ZERO_P) /* Only SEND data from nodes 1,2... */
  {
    PRF_CSEND_REAL(node_zero, p_array, n_faces, myid);
    PRF_CSEND_REAL(node_zero, x_array[0], ND_ND*n_faces, myid);
  }
    else

  {/* Node-0 has its own data,
    so list it out first */
   Message0("\n\nList of Pressures...\n");
   for(j=0; j<n_faces; j++)
     /* n_faces is currently node-0 value */
     {
  # if RP_3D
      Message0("%12.4e %12.4e %12.4e %12.4e\n",
        x_array[j][0], x_array[j][1], x_array[j][2], p_array[j]);
  # else /* 2D */
```

```
            Message0("%12.4e %12.4e %12.4e\n",
              x_array[j][0], x_array[j][1], p_array[j]);
        # endif
        }
      }

    /* Node-0 must now RECV data from the other nodes and list that too */
    if(I_AM_NODE_ZERO_P)
    {
      compute_node_loop_not_zero(i)
       /* See para.h for definition of this loop */
      {
        PRF_CRECV_INT(i, &n_faces, 1, i);
         /* n_faces now value for node-i */
        /* Reallocate memory for arrays for node-i */
            p_array=(real *)realloc(p_array, n_faces*sizeof(real));
x_array=(real(*)[ND_ND])realloc(x_array,ND_ND*n_faces*sizeof(real));

        /* Receive data */
        PRF_CRECV_REAL(i, p_array, n_faces, i);
        PRF_CRECV_REAL(i, x_array[0], ND_ND*n_faces, i);
        for(j=0; j<n_faces; j++)
          {
        # if RP_3D
            Message0("%12.4e %12.4e %12.4e %12.4e\n",x_array[j][0],
x_array[j][1], x_array[j][2], p_array[j]);
        # else /* 2D */
            Message0("%12.4e %12.4e %12.4e\n",x_array[j][0], x_array[j][1],
p_array[j]);
        # endif
          }
      }
    }

    free(p_array); /* Each array has to be freed before function exit */
    free(x_array);

    #endif /* ! RP_HOST */
  }
```

5.6.6 计算节点间数据交换

EXCHANGE_SVAR_MESSAGE、EXCHANGE_SVAR_MESSAGE_EXT 和 EXCHANGE_

SVAR_FACE_MESSAGE 可用于在计算节点之间交换存储变量（SV_...）。EXCHANGE_SVAR_MESSAGE 和 EXCHANGE_SVAR_MESSAGE_EXT 在计算节点之间交换 cell 数据，而 EXCHANGE_SVAR_FACE_MESSAGE 在计算节点之间交换 face 数据。EXCHANGE_SVAR_MESSAGE 用于在常规外部单元上交换数据，EXCHANGE_SVAR_MESSAGE_EXT 用于在常规和扩展外部单元上交换数据。

宏形式：

```
EXCHANGE_SVAR_FACE_MESSAGE(domain, (SV_P, SV_NULL));
EXCHANGE_SVAR_MESSAGE(domain, (SV_P, SV_NULL));
EXCHANGE_SVAR_MESSAGE_EXT(domain, (SV_P, SV_NULL));
```

EXCHANGE_SVAR_FACE_MESSAGE()在 UDF 中很少用。用户可以在计算节点之间交换多个存储变量。存储变量名由参数列表中的逗号分隔，列表以 SV_NULL 结束。例如，EXCHANGE_SVAR_MESSAGE(domain，(SV_P, SV_T, SV_NULL))用于交换单元压力和温度变量。用户可以从包含变量定义语句的头文件中确定存储变量名。例如，假设想要与相邻的计算节点交换 cell pressure (C_P)，可以查看包含 C_P (mc .h)定义的头文件，并确定 cell pressure 的存储变量为 SV_P，此时需要将存储变量传递给 exchange 宏。

5.7 并行 UDF 宏限制

一些宏在并行模式下运行存在一些使用限制，如：

① 宏 PRINCIPAL_FACE_P 只能用于编译型 UDF 中；

② PRF_GRSUM1 及类似的全局约简宏不能在诸如 DEFINE_SOURCE 和 DEFINE_PROPERTY 之类的宏中使用，这些宏通常在全局网格单元（或面）上调用，因此在每个计算节点上调用的次数不同。这里提供一种变通的方法：用户可以使用在每个计算节点上只调用一次的宏，如 DEFINE_ADJUST、DEFINE_ON_DEMAND 和 DEFINE_EXECUTE_AT_END，如可以编写 DEFINE_ADJUST UDF 来计算调整函数中的全局求和值，然后将变量保存在用户定义内存（UDM）中，随后可以从用户定义的内存中检索存储的变量，并在 DEFINE_SOURCE 中使用它。

下述代码中，在 DEFINE_ADJUST 函数中计算 spark 体积，并使用 C_UDMI 将该值存储在用户定义的内存中。然后从用户定义的内存中检索体积并在 DEFINE_SOURCE 中使用。

```
#include "udf.h"

/* These variables will be passed between the ADJUST and SOURCE UDFs */

static real spark_center[ND_ND] = {ND_VEC(20.0e-3, 1.0e-3, 0.0)};
static real spark_start_angle = 0.0, spark_end_angle = 0.0;
static real spark_energy_source = 0.0;
static real spark_radius = 0.0;
static real crank_angle = 0.0;


DEFINE_ADJUST(adjust, domain)
```

```
{
    #if !RP_HOST

        const int FLUID_CHAMBER_ID = 2;

        real cen[ND_ND], dis[ND_ND];
        real crank_start_angle;
        real spark_duration, spark_energy;
        real spark_volume;
        real rpm;
        cell_t c;
        Thread *ct;

        rpm = RP_Get_Real("dynamesh/in-cyn/crank-rpm");
        crank_start_angle =
RP_Get_Real("dynamesh/in-cyn/crank-start-angle");
        spark_start_angle = RP_Get_Real("spark/start-ca");
        spark_duration = RP_Get_Real("spark/duration");
        spark_radius = RP_Get_Real("spark/radius");
        spark_energy = RP_Get_Real("spark/energy");

        /* Set the global angle variables [deg] here for use in the SOURCE UDF */
        crank_angle = crank_start_angle + (rpm * CURRENT_TIME * 6.0);
        spark_end_angle = spark_start_angle + (rpm * spark_duration * 6.0);

        ct = Lookup_Thread(domain, FLUID_CHAMBER_ID);
        spark_volume = 0.0;

        begin_c_loop_int(c, ct)
        {
            C_CENTROID(cen, c, ct);
            NV_VV(dis,=,cen,-,spark_center);

         if (NV_MAG(dis) < spark_radius)
         {
            spark_volume += C_VOLUME(c, ct);
         }
         }
        end_c_loop_int(c, ct)

        spark_volume = PRF_GRSUM1(spark_volume);
        spark_energy_source =
spark_energy/(spark_duration*spark_volume);
```

```
        Message0("\nSpark energy source = %g [W/m3].\n", spark_energy_source);
    #endif
}

DEFINE_SOURCE(energy_source, c, ct, dS, eqn)
{
    /* Don't need to mark with #if !RP_HOST as DEFINE_SOURCE is only executed
       on nodes as indicated by the arguments "c" and "ct" */
    real cen[ND_ND], dis[ND_ND];

    if((crank_angle >= spark_start_angle) && (crank_angle < spark_end_angle))
      {
         C_CENTROID(cen, c, ct);
         NV_VV(dis,=,cen,-,spark_center);

         if (NV_MAG(dis) < spark_radius)
         {
           return spark_energy_source;
         }
      }

    return 0.0;
}
```

5.8 处理器标识

并行 ANSYS Fluent 中的每个计算节点都有一个唯一的整数标识符，该标识符存储为全局变量 myid。当在并行 UDF 中使用 myid 时，它将返回当前计算节点(包括主机)的整数 ID。host 节点的 ID 为 host(=999999)，并存储为全局变量 host。node 0 节点的 ID 为 0，并被分配给全局变量 node_zero。下面是并行 ANSYS Fluent 中的全局变量列表。

```
    int node_zero = 0;
    int host = 999999;
    int node_one = 1;
    int node_last; /* 返回最后一个计算节点的 ID 值*/
    int compute_node_count; /* 返回计算节点的数量 */
    int myid; /*返回当前节点的 ID 值 */
```

myid 通常用于并行 UDF 代码中的 if 条件语句。下面是使用全局变量 myid 的示例代码。在本例中，首先通过累加计算面 thread 中面的总数。然后，如果 myid 不是 node 0 节点，则使用传递宏 PRF_CSEND_INT 的消息将面数从所有计算节点传递到 node 0 节点。

```
    int noface=0;
  begin_f_loop(f, tf) /* loops over faces in a face thread and computes number
of faces */
```

```
{
    noface++;
}
end_f_loop(f, tf)

/* Pass the number of faces from node 1,2, ... to node 0 */

#if RP_NODE if(myid!=node_zero)
{
    PRF_CSEND_INT(node_zero, &noface, 1, myid);
}
#endif
```

5.9 并行 UDF 中的文件读写

当 Fluent 以并行模式运行时，计算节点可以同时对数据执行计算。但当数据从一个普通文件读取或写入该文件时，操作必须是连续的，文件必须由访问文件系统的处理器打开和读写。通常情况下，计算节点在没有磁盘空间的专用并行计算机上运行，这意味着所有的数据都必须从 host 节点读取和/或写入。host 节点总是在具有文件系统访问权限的机器上运行，因为其需要读取和写入 cas 和 dat 文件。这意味着，现在必须将数据从所有计算节点传递给 node 0 节点，然后 node 0 节点将数据传递给 host 节点，再利用 host 节点将数据写入文件。这个过程称为"marshalling"。

5.9.1 读取文件

在并行 UDF 中读取文件之前，要将文件从 host 节点复制到计算节点，可以使用以下函数：

```
host_to_node_sync_file(const char* filename)
```

这可以处理当前工作路径在 host 与 node 之间不共享时。对于 host 节点，输入参数 filename 为要复制到 node 节点的文件路径，而对于 node 节点，输入参数是复制文件的节点上的路径。函数执行完成后，host_to_node_sync_file()返回复制的字节数，否则返回−1。

在下述代码中，Windows 上的 host 节点将文件从其本地目录 e:\udfs\test.bat 复制到远程 Linux 节点上的目录/tmp。

```
DEFINE_ON_DEMAND(host_to_node_sync)
{
    #if RP_HOST
        int total_bytes_copied = host_to_node_sync_file("e:\\udfs\\test.dat.h5");
    #endif
    #if RP_NODE
        int total_bytes_copied = host_to_node_sync_file("/tmp");
    #endif
    printf("Total number of bytes copied is %d\n", total_bytes_copied);
}
```

5.9.2 写入文件

在并行模式下写入文件过程较为复杂，其基本步骤为：
① 计算节点将数据发送给 node 0 节点；
② node 0 节点将数据发送给 host 节点；
③ host 节点打开文件；
④ host 节点将数据写入文件；
⑤ host 节点关闭文件。

下述代码描述了文件写入过程。

```c
#include "udf.h"

# define FLUID_ID 2

DEFINE_ON_DEMAND(pressures_to_file)
{
    /* Different variables are needed on different nodes */
#if !RP_HOST
   Domain *domain=Get_Domain(1);
   Thread *thread;
   cell_t c;
#else
   int i;
#endif

#if !RP_NODE
   FILE *fp = NULL;
   char filename[]="press_out.txt";
#endif

   int size; /* data passing variables */
   real *array;
   int pe;

#if !RP_HOST
   thread=Lookup_Thread(domain,FLUID_ID);
#endif
#if !RP_NODE
   if ((fp = fopen(filename, "w"))==NULL)
      Message("\n Warning: Unable to open %s for writing\n",filename);
   else
      Message("\nWriting Pressure to %s...",filename);
#endif
/* UDF Now does 2 different things depending on NODE or HOST */
```

```
#if RP_NODE
   /* Each Node loads up its data passing array */
   size=THREAD_N_ELEMENTS_INT(thread);
   array = (real *)malloc(size * sizeof(real));
   begin_c_loop_int(c,thread)
     array[c]= C_P(c,thread);
   end_c_loop_int(c,thread)

   /* Set pe to destination node */
   /* If on node_0 send data to host */
   /* Else send to node_0 because */
   /*  compute nodes connect to node_0 & node_0 to host */
   pe = (I_AM_NODE_ZERO_P) ? host : node_zero;
   PRF_CSEND_INT(pe, &size, 1, myid);
   PRF_CSEND_REAL(pe, array, size, myid);
   free(array);/* free array on nodes after data sent */

   /* node_0 now collect data sent by other compute nodes */
   /*  and sends it straight on to the host */

if (I_AM_NODE_ZERO_P)
   compute_node_loop_not_zero (pe)
   {
      PRF_CRECV_INT(pe, &size, 1, pe);
      array = (real *)malloc(size * sizeof(real));
      PRF_CRECV_REAL(pe, array, size, pe);
      PRF_CSEND_INT(host, &size, 1, myid);
      PRF_CSEND_REAL(host, array, size, myid);
      free((char *)array);
   }
#endif /* RP_NODE */

#if RP_HOST
   compute_node_loop (pe) /* only acts as a counter in this loop */
     {
        /* Receive data sent by each node and write it out to the file */
        PRF_CRECV_INT(node_zero, &size, 1, node_zero);
        array = (real *)malloc(size * sizeof(real));
        PRF_CRECV_REAL(node_zero, array, size, node_zero);

     for (i=0; i<size; i++)
        fprintf(fp, "%g\n", array[i]);
```

```
    free(array);
}
#endif /* RP_HOST */


#if !RP_NODE
  fclose(fp);
  Message("Done\n");
#endif

}
```

第2部分 Fluent界面定制

第6章
Fluent用户界面开发基础

6.1 为何要进行界面开发

为何要对 Fluent 进行界面开发？是 Fluent 界面不好吗？答案当然是否定的，Fluent 拥有一个逻辑组织良好的用户界面，适用于通用条件下的流体仿真工作，但是正是因为 Fluent 的这种通用性，导致其操作界面相当复杂。在工程应用中，针对某一特殊问题进行 CFD 计算，往往只是利用到 Fluent 的少部分功能，所涉及的界面操作也局限在一些常用的功能面板中。因此对 Fluent 界面进行二次开发，并根据自己的问题需要进行重新组织，有利于提高工作效率。

Fluent 界面开发主要出于以下几种目的。

① 对仿真流程进行封装。在熟悉自身仿真流程的基础上，开发专用的仿真界面，对仿真流程进行组织，将仿真过程中需要选择或设置的参数组织到一个统一的界面中，方便流程控制。

② 更好地利用 TUI 命令。Fluent 标准界面中并未提供而只能使用 TUI 命令来进行设置的功能，可以采用界面开发的方式给 TUI 设计一个图形界面，方便那些不熟悉 TUI 的用户使用这些功能。

③ 扩充 Fluent 的功能。Fluent 提供了一系列的 UDF 宏用于其功能扩展，为这些宏开发图形界面，有利于更方便地使用这些宏功能。

6.2 如何进行界面开发

Fluent 原生界面开发采用 Scheme 语言。Scheme 是一种 Lisp 方言，其诞生于 1975 年，由 MIT 的 Gerald J. Sussman 和 Guy L. Steele Jr.完成，是现代两大 Lisp 方言之一。Scheme 语言的规范很短，总共只有 50 页，甚至比 Common Lisp 规范的索引内容还少，但是却被称为是现代编程语言王国的皇后。它与之前和之后的 Lisp 实现版本都存在一些差异，但是却易学易用。利用 Scheme 开发 Fluent 原生界面，主要包括在 Fluent 中添加菜单、工具栏、Ribbon 按钮、模型树节点等。

Fluent 界面开发主要流程如下。

（1）界面规划

在进行界面开发之前，需要对计算流程或要开发的内容有清晰的了解。要开发的界面中包含哪些元素、各元素分别实现哪些功能均需要进行规划。

（2）界面设计

在对界面进行详细规划的基础上，需要进行界面设计，包括界面元素尺寸、布局等。

（3）程序编码

利用 Scheme 语言编写界面程序。

6.3　界面开发工具

Scheme 源程序为文本文件，因此任何可以进行文字编辑的软件均可用于界面开发，为了更方便地进行程序开发，建议使用带 Scheme 语法高亮的编辑器，如 Notepad++、Sublime text3、EditPlus、ultraEdit 等。推荐使用 Notepad++ 及 Sublime Text3 软件。

（1）Notepad++软件

Notepad++是 Windows 操作系统下的一套文本编辑器(软件版权许可证：GPL)，有完整的中文接口及支持多国语言编写的功能(UTF8 技术)。Notepad++功能比 Windows 中的 Notepad（记事本）强大，除了可以用来制作一般的纯文字说明文件，也十分适合编写计算机程序代码。Notepad++不仅有语法高亮度显示，还有语法折叠功能，并且支持宏以及扩充基本功能的外挂模组。Notepad++是免费软件，自带中文，支持众多计算机程序语言。Notepad++软件界面如图 6-1 所示。

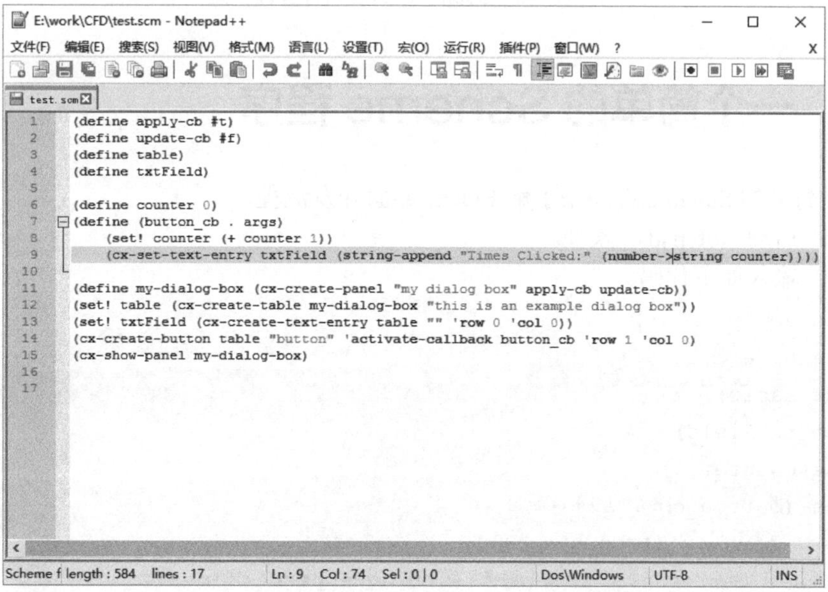

图 6-1　Notepad++软件界面

(2) Sublime Text3 软件

Sublime Text3 是一个代码编辑器，有漂亮的用户界面和非凡的功能，例如迷你地图、多选择、Python 的插件、代码段等，完全可自定义键绑定、菜单和工具栏。Sublime Text3 的主要功能包括：拼写检查、书签、完整的 Python API、Goto 功能、即时项目切换、多选择、多窗口等。

该软件在支持语法高亮、代码补全、代码片段（snippet）、代码折叠、行号显示、自定义皮肤、配色方案等所有其他代码编辑器所拥有的功能的同时，又保证了其飞快的速度，还有着自身独特的功能，如代码地图、多种界面布局以及全屏免打扰模式等。Sublime Text3 软件界面如图 6-2 所示。

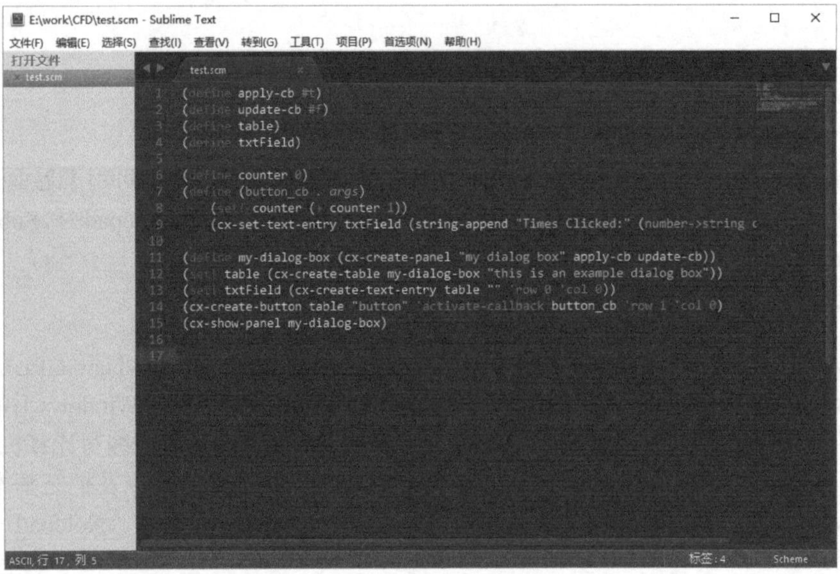

图 6-2　Sublime Text3 软件界面

6.4　一个简单的 Scheme 程序

以一个简单的 Scheme 程序来了解 Fluent 界面开发流程。

步骤 1：启动 Notepad++软件。

步骤 2：输入如下代码。

```scheme
(define apply-cb #t)
(define update-cb #f)
(define table)
(define txtField)
(define counter 0)
(define (button_cb . args)
    (set! counter (+ counter 1))
    (cx-set-text-entry txtField (string-append "Times Clicked: " (number->string counter))))
```

```
(define my-dialog-box (cx-create-panel "my dialog box" apply-cb update-cb))
(set! table (cx-create-table my-dialog-box "this is an example dialog box"))
(set! txtField (cx-create-text-entry table "" 'row 0 'col 0))
(cx-create-button table "button" 'activate-callback button_cb 'row 1 'col 0)
(cx-show-panel my-dialog-box)
```

步骤 3：保存文件，取文件名为 test.scm。

步骤 4：启动 Fluent。

步骤 5：选择菜单 **File→Read→Scheme…**，读取文件 **test.scm**。

读入 Scheme 文件后自动显示对话框，如图 6-3 所示。这是一个完整的对话框，点击对话框中的 **button** 按钮，能改变文本框中的内容。

图 6-3　Scheme 对话框

6.5 使用 .fluent 文件

要想在 Fluent 启动时自动加载 Scheme 代码，可以利用 .fluent 文件来实现。

Fluent 启动时会在用户主文件路径（Windows 系统中通常为 C：\Users\xx，xx 为用户名）中查找一个名为 .fluent 的文件，若在该文件夹中找到了 .fluent 文件，则将其作为一个 scheme 文件进行加载。因此通过 .fluent 文件实现每次 Fluent 程序启动时自动将相应的 Scheme 文件加载到 Fluent 中。

如采用以下步骤可以在 Fluent 启动时自动加载 Schemefile1.scm、Schemefile2.scm 及 Schemefile3.scm 文件。

步骤 1：启动 Windows 命令窗口。可通过 win+R 快捷键启动运行对话框，输入 cmd，点击"**确定**"按钮打开命令窗口，如图 6-4 所示。

图 6-4　程序运行对话框

步骤 2：在命令窗口中执行命令 copy con .fluent，回车，按快捷键 **CTRL+Z** 创建文件，如图 6-5 所示。

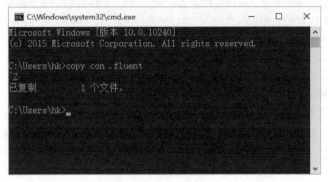

图 6-5　命令窗口

步骤 3：利用文本编辑器打开 .fluent 文件，输入如下所示文本内容。

```
(ti-menu-load-string "file read-journal Schemefile1.scm")
(ti-menu-load-string "file read-journal Schemefile2.scm")
(ti-menu-load-string "file read-journal Schemefile3.scm")
```

步骤 4：保存 .fluent 文件。

> 注意
> ① 在 Windows 系统中，.fluent 文件无法通过图形界面创建。
> ② 若 scm 文件中存在依赖关系，则 .fluent 中的 scm 文件加载顺序也有相应要求，依赖于其他 scm 文件的程序应当放在后面加载。

第7章 Scheme语言基础

在利用 Scheme 语言编写 Fluent 界面程序之前，了解 Scheme 语言的基础是非常有必要的。本章主要讲解 Scheme 语言基础知识，让读者熟悉 Scheme 语言的基本语法结构，为后期 Fluent 界面程序的编写及调试打基础。

7.1 Scheme 编辑器

学习程序少不了要动手编制程序并运行程序，这里推荐使用 DrRacket 软件。DrRacket 为一款免费软件，读者可自行下载程序。若嫌麻烦，读者可以直接在 Fluent 的 TUI 窗口调试 Scheme 代码。

Racket 语言是由 Racket 开发小组开发的一个 Scheme 变种，其领导成员及核心开发成员之一是马修·弗拉特教授（Professor Matthew Flatt）。这个语言的设计初衷主要针对教育市场。DrRacket 软件是 Racket 语言的编辑器，适用于本章中各种程序的编辑与调试工作。

DrRacket 软件界面如图 7-1 所示，支持中文，整个界面比较清爽。包括上下两个窗口，

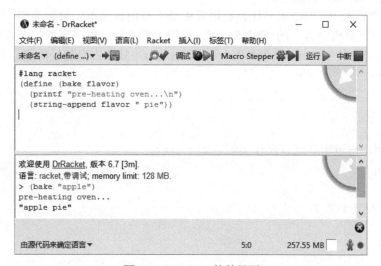

图 7-1　DrRacket 软件界面

上窗口为代码编辑窗口，可用于编辑大段代码；下窗口为解释器运行窗口，可运行代码或执行小段的语句，其中的符号"＞"为解释器命令提示符，在此符号后可输入程序代码并执行。

7.2 基本要素

7.2.1 注释

Scheme 语言中的注释为单行注释，以分号开始，直到行末结束。注释中的内容在程序运行中不做处理，注释仅仅只是方便自己或他人阅读代码。在程序编写过程中，要养成随时做注释的好习惯。典型的注释如下所示：

```
;这是一段注释代码
```

7.2.2 块

块（form）是 Scheme 语言中的最小程序单元，一个 Scheme 语言程序是由一个或多个 form 构成的。没有特殊说明的情况下，form 都由小括号括起来，形式如下：

```
(define x 123)
(+ 1 2)
(* 4 5 6)
(display "hello world")
```

7.2.3 数据类型

Scheme 中的数据值包括数字、布尔值、字符以及符号。

（1）逻辑型（boolean）

最基本的数据类型，也是很多计算机语言中都支持的最简单的数据类型，只能取两个值：#t，相当于其他计算机语言中的 TRUE；#f，相当于其他计算机语言中的 FALSE。

Scheme 语言中的 boolean 类型只有一种操作：not，其意为取相反的值，即：

```
> (not #f)
#t
> (not #t)
#f
```

not 的引用，与逻辑非运算操作类似，如下所示：

```
> (not 1)
#f
> (not (list 1 2 3))
#f
> (not 'a)
#f
```

从上面的操作中可以看出来，只要 not 后面的参数不是逻辑型，其返回值均为#f。

(2) 数字型（number）

数字型（number）分为四种子类型：整型（integer），有理数型（rational），实型（real），复数型（complex）。使用示例如下：

① 复数型（complex）可以定义为（define c 3+2i）；
② 实数型（real）可以定义为（define f 22/7）；
③ 有理数型（rational）可以定义为（define p 3.1415）；
④ 整数型（integer）可以定义为（define i 123）。

Scheme 语言中，数字型的数据还可以按照进制分类，即二进制、八进制、十进制和十六进制，在外观形式上它们分别以符号组合#b、#o、#d、#x 作为表示数字进制类型的前缀，其中表示十进制的#d 可以省略不写，如：二进制的#b1010，八进制的#o567，十进制的 123 或#d123，十六进制的#x1afc。

从 Scheme 语言这种严格按照数学定理来为数字类型进行分类的方法可以看出 Scheme 语言里面渗透着很深的数学思想。Scheme 语言是由数学家们创造出来的，在这方面表现得也比较鲜明。

(3) 字符型（char）

Scheme 语言中的字符型数据均以符号组合 "#\" 开始，表示单个字符，可以是字母、数字或"[! $ % & * + - . / : %lt; = > ? @ ^ _ ~]"等其他字符。如：#\A 表示大写字母 A，#\0 表示字符 0。其中特殊字符#\space 表示空格符，#\newline 表示换行符。

(4) 字符串型（strings）

Scheme 中的字符串与其他编程语言中的字符串相同，使用时以双引号括起来使用。如以下语句定义了字符串 str_samp：

```
(define str_samp "This is a string")
```

(5) 符号型（symbol）

符号型是 Scheme 语言中有多种用途的符号名称，它可以是单词，用括号括起来的多个单词，也可以是无意义的字母组合或符号组合，它在某种意义上可以理解为 C 语言中的枚举类型。使用示例如下：

```
> (define a (quote xyz))
> a
'xyz
> (define xyz 'a)
> xyz
'a
```

单引号' 与 quote 是等价的，并且更简单一些。符号型与字符串型不同的是符号型不能如字符串型那样可以取得长度或改变其中某一成员字符的值，但二者之间可以互相转换。

(6) 对（Pairs）与列表（Lists）

对和列表是两个相关的 Scheme 数据结构，通常在需要将多个数据项存储在一起时使用。如下的一些 Scheme 语句：

```
(a . b)
(define aPair (cons 1 2))
```

```
(a . (b . (c . ())))
(define aList (list 1 2 3 4 5))
(car aList)
(cdr aList)
(list-ref aList 2)
(list-tail aList 1)
```

Pairs 是可以从相同的变量名访问的两个数据项，其通常表示为两个数据项，它们之间有一个句点，如上述示例中的第 1 行。也可以使用 cons 语句创建对，如上述示例的第 2 行所示。Pairs 可用于创建 Lists。列表中的第二个元素是另一个 Pairs。示例第 3 行展示了一个列表是如何从概念上由 Paris 构成。上述示例第 4 行展示了如何使用列表语句创建一个列表。

car 语句用于访问列表中的第一项。在上面的例子中，它将返回 1。

cdr 语句用于访问列表中除第一项之外的所有内容。在上面的例子中，它将返回(2 3 4 5)。

list-ref 语句用于根据列表中某项在列表中的位置来访问该项。上面示例中的 list-ref 语句将返回 3。

list-tail 语句用于返回列表中从指定位置开始的其余项。在上面的示例中，由于将位置 1 作为起始点传递，因此 list-tail 语句将返回(2 3 4 5)。

7.2.4 基本语法概念

（1）标识符

除了以下一些特殊字符外，其他字符或字符串均可作为标识符。不能当作标识符的特殊字符包括：

```
()[]{}",'`;#|\
```

以下是一些可用的标识符：

```
+
Hfuhruhurr
integer?
pass/fail
john-jacob-jingleheimer-schmidt
a-b-c+1-2-3
```

一定要注意的是，形如 a–b–c+1-2-3 的表达式是一个标识符，而不是数学表达式。

（2）定义变量

块的定义利用 **define** 来实现。可用于变量定义及函数定义。其基本语法为：

```
(define <id> <expr>)
```

将表达式 expr 绑定到 id 上。

或定义函数：

```
(define (<id> <id>*) <expr>+ )
```

第一个 id 为函数名，第二个 id 为参数，expr 为函数表达式。如：

```
> (define pie 3)                  ;定义 pie 的值为 3
> (define (piece str)             ;定义 piece 为函数，其参数为 str
    (substring str 0 pie))        ;函数体，参数字符串中的 0 至 Pie 的子串
```

在 DrRacket 中运行，如：

```
> pie
3
> (piece "key lime")
"key"
```

再例如定义函数：

```
(define (bake flavor)
  (printf "pre-heating oven...\n")
  (string-append flavor " pie"))
```

在 DrRacket 中运行，如：

```
> (bake "apple")
pre-heating oven...
"apple pie"
```

（3）赋值

Scheme 语言中利用 **Set!** 对变量进行赋值。如下述语句：

```
(define someVariable)
(set! someVariable 1)
(set! someVariable 2.5)
```

语句第 1 行定义了一个变量 someVariable；第 2 行设置该变量值为 1；第 3 行修改变量值为 2.5。

（4）定义变量作用域

Scheme 语言中利用 **Let** 指定变量的作用范围。如下面的语句：

```
(let ((x 5))
  (let ((x 2)
        (y x))
    (+ y x)))
```

运行后返回结果 7。语句第 1 行定义了全局变量 x 的值为 5，第 2 行重新定义了作用域，其范围内 x 的值为 2，并给 y 赋值为 2，最后一行中 y=2，x=5，相加后返回值为 7。

（5）函数调用

在 Scheme 中调用函数非常简单，其语法形式为：

```
(<id> <expr>*)
```

其中，id 为函数名，expr 为函数的参数。以下是一些函数调用并输出结果的例子：

```
> (string-append "rope" "twine" "yarn")     ;连接字符串
"ropetwineyarn"
> (substring "corduroys" 0 4)               ;提取字符串的子串
"cord"
> (string-length "shoelace")                ;获取字符串长度
8
> (string? "Ceci n'est pas une string.")    ;判断是否为字符串
#t
> (string? 1)                               ;判断 1 是否为字符串
```

```
#f
> (sqrt 16)                                    ;获取平方根
4
> (sqrt -16)
0+4i
> (+ 1 2)                                      ;相加计算
3
> (- 2 1)                                      ;相减计算
1
> (< 2 1)                                      ;数值比较
#f
```

（6）匿名函数 lambda

在 Scheme 中可以利用 **lambda** 定义一个新的过程。如下面的语句：

```
(define doubleProcedure (lambda (x) (+ x x)))
(doubleProcedure 1)
```

第 1 行语句利用 lambda 定义了一个过程 x=x+x，且将其绑定到变量 doubleProcedure 上。实际上这里是定义了一个函数。第 2 行直接调用过程，返回结果 2。

（7）参数批量执行

Scheme 语言中利用 **Map** 实现对函数过程参数的批量执行。如下面的语句将列表作为函数参数运行。

```
(define halve (lambda (x) (/ x 2)))
(map halve (list 2 4 6 8 10))
```

运行结果返回：

```
'(1 2 3 4 5)
```

7.3 程序结构

7.3.1 顺序结构

顺序结构可以说成由多个 form 组成的 form，用 begin 来将多个 form 放在一对小括号内，最终形成一个 form。格式为：

```
(begin form1 form2 …)
```

如用 Scheme 语言编写经典的 hello world 程序，代码如下：

```
> (begin
    (display "hello world");输出 hello world
    (newline));换行
```

7.3.2 if 结构

If 语句的语法结构为：

```
(if <expr> <expr> <expr>)
```
其中第一个<expr>通常为逻辑判断表达式，若其值为#t，则结果值为第二个<expr>的值，否则为第三个<expr>的值。例如判断2>3，若为真则输出"bigger"，否则输出"small"，程序代码为：

```
> (if (> 2 3)
      "bigger"
      "small")
```

程序输出为：

```
"small"
```

再例如定义函数：

```
> (define (reply s)
    (if (if (string? s)
            (equal? "hello" (substring s 0 5))
            #f)
        "hi"
        "huh?"))
```

调用该函数：

```
> (reply "hello racket")
"hi"
> (reply 14)
"huh?"
```

7.3.3 cond 结构

Scheme 语言中的 cond 结构类似于 C 语言中的 switch 结构，cond 的格式为：

(cond ((测试) 操作)...(else 操作))

示例代码如下：

```
> (define w (lambda (x)
              (cond ((< x 0) 'lower)
                    ((> x 0) 'upper)
                    (else 'equal))))
```

程序调用：

```
> (w 9)
'upper
```

上面程序代码中，我们定义了过程 w，它有一个参数 x，如果 x 的值大于 0，则返回符号 upper；如果 x 的值小于 0 则返回符号 lower；如果 x 的值为 0 则返回符号 equal。

上述程序也可改写为 if 形式，代码如下：

```
> (define ff
    (lambda (x)
      (if (< x 0) 'lower
          (if (> x 0) 'upper
              'zero))))
```

程序调用：

```
> (ff 9)
'upper
```

7.3.4 case 结构

case 结构和 cond 结构有点类似，它的格式为：

(case (表达式) ((值) 操作))... (else 操作))

case 结构中的值可以是复合类型数据，如列表、向量表等，只要列表中含有表达式的这个结果，则进行相应的操作，如下面的代码：

```
(case (* 2 3)
  ((2 3 5 7) 'prime)
  ((1 4 6 8 9) 'composite))
```

上面的例子返回结果是 composite，因为列表(1 4 6 8 9)中含有表达式(* 2 3)的结果 6。下述代码是在 Guile 中定义 func 的过程，用到了 case 结构：

```
> (define func
    (lambda (x y)
      (case (* x y)
        ((0) 'zero)
        (else 'nozero))))
```

程序调用：

```
> (func 2 3)
nozero
> (func 2 0)
zero
> (func 0 9)
zero
```

7.3.5 and 结构

and 结构与逻辑与运算操作类似，and 后可以有多个参数，只有它后面的参数的表达式的值都为#t 时，它的返回值才为#t，否则为#f。看下面的操作：

```
> (and (boolean? #f) (< 8 12))
#t
> (and (boolean? 2) (< 8 12))
#f
> (and (boolean? 2) (> 8 12))
#f
```

如果表达式的值都不是 boolean 型，返回最后一个表达式的值，如下面的操作：

```
> (and (list 1 2 3) (vector 'a 'b 'c))
#(a b c)
> (and 1 2 3 4 )
4
> (and 'e 'd 'c 'b 'a)
a
```

7.3.6 or 结构

or 结构与逻辑或运算操作类似，or 后可以有多个参数，只要其中有一个参数的表达式值为#t，其结果就为#t，只有全为#f时其结果才为#f。如下面的操作：

```
> (or #f #t)
#t
> (or #f #f)
#f
> (or (rational? 22/7) (< 8 12))
#t
> (rational? 22/7)
#t
> (real? 22/7)
#t
> (or (real? 4+5i) (integer? 3.22))
#f
```

还可以用 and 和 or 结构来实现较复杂的判断表达式，如在 C 语言中的表达式：

((x > 100) && (y < 100)) 和 ((x > 100) || (y > 100))

在 Scheme 中可以表示为：

```
> (define x 123)
> (define y 80)
> (and (> x 100) (< y 100))
#t
> (or (> x 100) (> y 100))
#t
```

Scheme 语言中只有 if 结构是系统原始提供的，其他的 cond、case、and、or，另外还有 do、when、unless 等都是可以用宏定义的方式来定义的，这一点充分体现了 Scheme 的元语言特性，关于 do、when 等结构的使用可以参考 R5RS。

7.3.7 递归

在 Scheme 语言中，递归是一个非常重要的概念，可以编写简单的代码轻松实现递归调用，如下面的阶乘过程定义：

```
> (define factoral (lambda (x)
                    (if (<= x 1) 1
                        (* x (factoral (- x 1))))))
```

调用函数：

```
> (factoral 4)
24
```

下面是另一种递归方式的定义：

```
> (define (factoral n)
    (define (iter product counter)
```

```
        (if (> counter n)
            product
            (iter (* counter product) (+ counter 1))))
        (iter 1 1))
```
调用函数:
```
> (display (factorial 4))
```
这个定义的功能和上面的完全相同，只是实现的方法不一样了，我们在过程内部实现了一个过程 iter，它用 counter 参数来计数，调用时从 1 开始累计，这样它的展开过程正好和上面的递归过程的从 4 到 1 相反，而是从 1 到 4。

7.3.8 循环

在 Scheme 语言中没有循环结构，不过循环结构可以用递归来轻松实现（在 Scheme 语言中只有通过递归才能实现循环）。对于用惯了 C 语言循环的读者，在 Scheme 中可以用递归简单实现，示例如下：

```
(define loop
    (lambda(x y)
    (if (<= x y)
        (begin (display x) (display #\space) (set! x (+ x 1))
            (loop x y))
        (newline))))
```
调用函数:
```
> (display (loop 1 10))
```
这只是一种简单的循环定义，过程有两个参数，第一个参数是循环的初始值，第二个参数是循环终止值，每次增加 1。相信读者一定能写出更漂亮更实用的循环操作。

7.4 Fluent RP 变量

RP 变量是为在 Fluent 中使用而创建的变量，它提供了一种将数据从 GUI（在 Scheme 语言中）传递到编译或解释的 UDF（在 C 语言中）的方法。因此，要将数据从 GUI 传递到 UDF，只需在 GUI 代码中创建和分配 RP 变量，之后可以在 UDF 代码中访问这些相同的变量。

7.4.1 创建 RP 变量

利用宏 rp-var-define 可以创建 RP 变量。如下面的语句创建了一个名为 myInt 的整型变量，且赋予默认值 1。

```
(rp-var-define 'myInt 1 'integer #f)
```
在创建 RP 变量之前，建议检查 RP 变量名是否已经被定义。如以下语句可避免变量重复定义的问题：

```
(define (make-new-rpvar name default type)
    (if (not (rp-var-object name))
```

```
    (rp-var-define name default type #f)))
```

```
(make-new-rpvar 'myInt 1 'integer)
```

7.4.2 修改 RP 变量

使用宏 rpsetvar 可在 GUI 中修改 RP 变量。如以下语句将变量 myInt 的值修改为 3。

```
(rpsetvar 'myInt 3)
```

Rpsetvar 常用于 GUI 界面的 **apply-cb** 函数中，该函数常用于对话框的 **OK** 按钮按下时的响应。

7.4.3 GUI 中访问 RP 变量

通常需要在 GUI 和 UDF 中访问 RP 变量值，这在每次打开 GUI 时显示每个变量的当前值非常有用。为了在 Scheme 中访问 RP 变量，必须使用(**%rpgetvar**)宏。该宏通常用于将局部变量的值设置为 RP 变量的当前值。例如，如果有一个名为 localInt 的整数输入框和一个名为 rpInt 的整数 RP 变量，那么可以使用下面的语句将 localInt 的值设置为 rpInt 的值。

```
(cx-set-integer-entry localInt (%rpgetvar 'rpInt))
```

此功能常用于 GUI 界面的 **update-cb** 函数中，该函数用于对话框打开时的响应。

7.4.4 UDF 中访问 RP 变量

利用 RP 系列宏可以在 UDF 中访问 RP 变量，如表 7-1 所示。

表 7-1　在 UDF 中可访问的 RP 变量的 RP 系列宏

操作宏	功能
RP_Variable_Exists_P("variable-name")	判断变量是否存在，返回 true 或 false
RP_Get_Real("variable-name")	获取变量的值，返回值为 double 型
RP_Get_Integer("variable-name")	获取变量的值，返回值为整型
RP_Get_String("variable-name")	获取变量的值，返回值为字符串型
RP_Get_Boolean("variable-name")	获取变量的值，返回值为布尔型
Get_Input_Parameter("variable-name")	获取变量的输入参数

例如，若想要访问 UDF 中自定义的 Scheme 变量 pres_av/thread_id，可以使用宏 RP_Get_Integer：

```
surface_thread_id = RP_Get_Integer("pres_av/thread-id");
```

用户可以使用表 7-2 所示的 RP 宏修改变量的值。

表 7-2　可修改变量的 RP 宏

操作宏	功能
RP_Set_Real("variable-name", ...)	设置 double 型变量的值
RP_Set_Integer("variable-name", ...)	设置整型变量的值
RP_Set_String("variable-name", ...)	设置字符串型变量的值
RP_Set_Boolean("variable-name", ...)	设置布尔型变量的值

7.4.5 保存及加载 RP 变量

一旦创建了新的 RP 变量，每次保存 case 文件时，变量的当前值就存储在 case 文件中。在尝试从 case 文件加载 RP 变量值时，加载 case 文件和 Scheme 文件的顺序并不重要。如果在 case 文件之前读取 Scheme 文件，那么将使用 Scheme 文件中指定的默认值创建 RP 变量。然后，当 case 文件读入时，这些值将被 case 文件中的值覆盖。如果在 Scheme 文件之前读入 case 文件，那么将创建 RP 变量并将其设置为 case 文件中指定的值。当 Scheme 文件被读入时，当它识别出 case 文件已经创建了这些 RP 变量时，它将忽略 RP 变量的 create 语句。

第8章 Fluent界面元素

8.1 引例

GUI 中的对话框常用于收集用户的输入数据，一个简单的对话框如图 8-1 所示。该对话框中包含 1 个复选框、1 个整数输入框、1 个实数输入框以及 1 个文本输入框，同时还包含 1 个 OK 按钮、1 个 Cancel 关闭按钮及 1 个 Help 帮助按钮。

图 8-1 简单对话框示例

图 8-1 的对话框可以使用图 8-2 所示程序代码来实现。各行代码含义如下：

1～8 行：声明变量；

10 行：定义了一个对话框，其名称为 my-dialog-box，包含一个标签为 My Dialog Box 的面板及两个按钮，其中一个按钮为 OK，另一个按钮为 Cancel，这里分别用#t 与#f 来代替；

12 行：定义了一个布局表格，其父窗口为对话框 my-dialog-box，该表格名称为 table，标签为 This is an example Dialog Box；

14 行：定义了一个复选框，名称为 checkbox，放置于表格 table 的第 1 行，其标签为 Check Box；

```
1   (define apply-cb #t)
2   (define update-cb #f)
3
4   (define table)
5   (define checkbox)
6   (define ints)
7   (define reals)
8   (define txt)
9
10  (define my-dialog-box (cx-create-panel "My Dialog Box" apply-cb update-cb))
11
12  (set! table (cx-create-table my-dialog-box "This is an example Dialog Box"))
13
14  (set! checkbox (cx-create-toggle-button table "Check Box" 'row 0))
15  (set! ints (cx-create-integer-entry table "For Ints" 'row 1))
16  (set! reals (cx-create-real-entry table "For Reals" 'row 2))
17  (set! txt (cx-create-text-entry table "For Text" 'row 3))
18
19  (cx-show-panel my-dialog-box)
```

图 8-2　程序代码示例

15 行：定义了一个整数输入框，名称为 ints，放置于表格 table 的第 2 行，标签为 For Ints；
16 行：定义一个实数输入框，名称为 reals，放置于表格 table 的第 3 行，标签为 For Reals；
17 行：定义一个文本框，名称为 txt，放置于表格 table 的第 4 行，标签为 For Text；
19 行：显示对话框 my-dialog-box。

上述对话框并未实现数据收集功能，因为没有为 OK 按钮赋予功能。不过单从 GUI 设计来看，其整体逻辑比较简单，首先定义一个对话框，然后在其内定义一个用于布局的表格，之后定义各种控件并将其布局到相应的表格中去。

8.2　界面布局容器

Fluent GUI 具有三层结构：
① Dialog：最顶层结构，所有的界面元素均放置于 Dialog 中。利用函数 cx-create-panel 创建。
② Table：主要用于布局。将界面元素放置于 Table 中，便于管理。Table 利用函数 cx-create-table 创建。
③ 控件：实现数据输入及命令响应的元素，如数据输入框、文本输入框、按钮、列表及下拉框等。

8.2.1　对话框

在 Fluent 中，每一个弹出的对话框都称之为 Dialog。对话框通常利用 cx-create-panel 创建，创建完毕后，还需要利用函数 cx-show-panel 将其显示出来。

```
(cx-create-panel title apply-cb update-cb)
```

函数中各参数含义如下：
title：对话框的名字，出现在对话框的标题上，变量为字符串类型。
apply-cb：回调函数，当鼠标点击对话框的 OK 按钮后执行该函数。
update-cb：回调函数，当对话框开启时执行该函数。

> **注意** apply-cb 和 update-cb 参数通常是在对话框打开或单击 OK 按钮时调用的函数名，但这并非是必须的，apply-cb 和 update-cb 参数也可以是布尔值，而不是函数名。使用布尔值来代替函数名时，点击 OK 按钮对话框不执行任何操作。

显示对话框使用 cx-show-panel 函数：

```
(cx-show_panel panel)
```

其中，panel 为创建的 panel 对象。一个简单的对话框代码如下所示：

```
(define my-dialog (cx-create-panel "my dialog box" #t #f))
(cx-show-panel my-dialog)
```

将上述代码保存到以 scm 为扩展名的文本文件中，启动 Fluent 后利用菜单 **File→Read→Scheme...**读取保存的 scm 文件即可开启对话框，如图 8-3 所示。

图 8-3 最简单的对话框

这个对话框很简单，除了三个什么功能都没有的按钮之外没有其他功能。

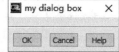

下面来为按钮添加功能，如想要对话框启动后在 TUI 窗口打印消息，以及在点击 OK 按钮后打印消息。改造代码如下所示：

```
;定义 apply-cb 函数，该函数在点击 OK 按钮后执行
(define (apply-cb . args)
    (display "clicked OK button!\n");该行语句在 TUI 窗口打印文本消息
)
;定义 update-cb 函数，该函数在对话框启动时执行
(define (update-cb . args)
    (display "dialog box opened!\n")
)
;定义对话框 my-dialog
(define my-dialog (cx-create-panel "my dialog box" apply-cb update-cb))
(cx-show-panel my-dialog)
```

用相同方式加载该 scm 文件后，如图 8-4 所示，在 TUI 窗口打印文本消息。点击 OK 按钮也会在 TUI 窗口打印文本消息。

```
> Loading "C:\Users\Administrator\Desktop\dialog.scm"
dialog box opened!
Done.
()

> clicked OK button!
```

图 8-4 运行结果

8.2.2 表格

Table 主要用于布局。一个 Dialog 中可以包含多个 Table。Table 采用函数 cx-create-table 创建，函数形式如：

```
(cx-create-table parent label border below right-of row column)
```

函数中的参数类型及说明如表 8-1 所示。

表 8-1　参数类型及说明

参数	类型	说明
parent	object	父级对象，可以是 Dialog 或 Table
label	string	GUI 中显示的 Table 名字，若不指定的话可留空
border	symble/boolean	指示边框是否可见
below	symbol/int	在对话框中的竖直位置
right-of	symbole/int	在对话框中的水平位置
row	symbol/int	若表格位于其他表格中，此处可指定表格位于母表格的行数
column	symbol/int	若表格位于其他表格中，此处可指定表格位于母表格的列数

注：border、below、right-of、row、column 为可选项。

运行下述代码显示对话框如图 8-5 所示。

```
(define (apply-cb . args)
    (display "clicked OK button!\n")
)
(define (update-cb . args)
    (display "dialog box opened!\n")
)
;创建 dialog
(define my-dialog (cx-create-panel "my dialog box" apply-cb update-cb))
;创建 table
(define table (cx-create-table my-dialog "input parameter" ))
;创建 int1 输入框，其位于第 1 行第 1 列
(define int1 (cx-create-integer-entry table "num1" 'row 0 'col 0))
;创建 int2 输入框，其位于第 2 行第 1 列
(define int2 (cx-create-integer-entry table "num2" 'row 1 'col 0))
;创建 int3 输入框，其位于第 1 行第 3 列
(define int3 (cx-create-integer-entry table "num3" 'row 0 'col 1))
;创建 int4 输入框，其位于第 2 行第 2 列
(define int4 (cx-create-integer-entry table "num4" 'row 1 'col 1))
;显示对话框
(cx-show-panel my-dialog)
```

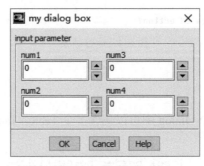

图 8-5　对话框布局

8.3 控件

Fluent GUI 中的控件主要包括以下几种：
① Integer Entry：整型数据输入框。
② Real Entry：浮点数据输入框。
③ Text Entry：字符串输入框。
④ Check Box：复选框。
⑤ Radio Button：单选框。
⑥ Button：按钮。
⑦ List：列表框。
⑧ Drop Down List：下拉框。

8.3.1 整数输入框

利用 Integer Entry 可以输入整数，包括正整数、零和负整数。

整数输入框的使用主要包括三个函数：cx-create-integer-entry、cx-set-integer-entry 及 cx-show-integer-entry。

（1）cx-create-integer-entry

利用函数 cx-create-integer-entry 可以创建整数输入框。该函数使用方式为：

```
(cx-create-integer-entry parent label row column)
```

参数类型及说明见表 8-2。

表 8-2 整数输入框参数类型及说明

参数	类型	描述
parent	object	父级对象，常常为 Table 对象
label	string	显示在 GUI 上的输入框的名称
row	symbol/int	输入框位于 Table 中的行数
column	symbol/int	输入框位于 Table 中的列数

（2）cx-set-integer-entry

利用 cx-set-integer-entry 可以设置输入框中的值。该函数使用方式为：

```
(cx-set-integer-entry intentry value)
```

包括两个参数：intentry 为输入框的名称；value 为要设置的值。

（3）cx-show-integer-entry

该函数可用于获取输入框中的数据，其使用方式为：

```
(cx-show-integer-entry intentry)
```

该函数只有一个参数，该参数为输入框的名称。

一个简单的整数输入框代码如下所示：

```
(define (apply-cb . args)
    ;将输入框中的数据输出到 TUI 窗口
    (display (string-append "number is " (number->string (cx-show-integer-entry intField))))
)
(define (update-cb . args)
    ;设置输入框初始数据为 3
    (cx-set-integer-entry intField 3)
)
(define my-dialog-box (cx-create-panel "Dialog Box" apply-cb update-cb))
(define table (cx-create-table my-dialog-box "This is an example Dialog Box"))
(define intField (cx-create-integer-entry table "Integer Entry Field"))
(cx-show-panel my-dialog-box)
```

运行代码后对话框如图 8-6 所示。点击按钮 **OK** 后，TUI 窗口显示输入框中的数据。

图 8-6　运行界面

8.3.2　实数输入框及字符串输入框

Real Entry 与 Text Entry 的内容与 Integer Entry 类似。一个简单代码如下所示：

```
(define (apply-cb . args)
    ;将输入框中的数据输出到 TUI 窗口
    (display (string-append "number is " (number->string (cx-show-integer-entry intField)) "\n"))
    (display (string-append "number is " (number->string (cx-show-Real-entry realField)) "\n"))
    (display (string-append "number is " (cx-show-text-entry textField)))
)
(define (update-cb . args)
    ;设置输入框初始数据
    (cx-set-integer-entry intField 3)
    (cx-set-real-entry realField 0.5)
    (cx-set-text-entry textField "text test")
)
(define my-dialog-box (cx-create-panel "Dialog Box" apply-cb update-cb))
(define table (cx-create-table my-dialog-box "This is an example Dialog Box"))
(define intField (cx-create-integer-entry table "Integer Entry Field" 'row 0))
(define realField (cx-create-real-entry table "Real Entry Field" 'row 1))
```

```
(define textField (cx-create-text-entry table "Text Entry Field" 'row 2))
(cx-show-panel my-dialog-box)
```

运行结果如图 8-7 所示。点击 **OK** 按钮后，TUI 窗口显示如图 8-8 所示的信息。

图 8-7 构造的对话框

```
> number is 3
number is 0.5
number is text test
```

图 8-8 运行结果

8.3.3 复选框与单选框

复选框常用于多项选择，而单选框则用于单项选择。

Fluent GUI 中利用函数 cx-create-button-box 来创建复选框，利用函数 cx-create-toggle-button 来创建单选框。

复选框与单选框均可以利用函数 cx-set-toggle-button 来设置按钮的选择状态，利用函数 cx-show-toggle-button 来获取选择状态。

（1）cx-create-button-box

该函数使用方法如下：

```
(cx-create-button-box parent label radio-mode)
```

其中参数类型及说明见表 8-3。

表 8-3 cx-create-button-box 参数类型及说明

参数	类型	说明
parent	object	父级对象，常常为 Table 对象
label	string	显示在 GUI 上的输入框的名称
radio-mode	symbol/boolean	通过此选项设置为复选框还是单选框

（2）cx-create-toggle-button

该函数用于创建单选框，其用法为：

```
(cx-create-toggle-button parent label row column)
```

函数参数与前述相同，这里不重复描述。

（3）cx-set-toggle-button

该函数用于设置按钮的选择状态，其使用方式为：

```
(cx-set-toggle-button togglebutton value)
```

其中参数类型及说明见表 8-4。

表 8-4　cx-set-toggle-button 参数类型及说明

参数	类型	说明
togglebutton	object	需要设置的按钮对象
value	boolean	按钮状态，设置为#t 表示被选中，#f 表示不被选中

（4）cx-show-toggle-button

该函数用于获取按钮的选择状态，使用方式为：

```
(cx-show-toggle-button togglebutton)
```

关于复选框与单选框的使用方式，可参阅下面的程序代码：

```
(define (apply-cb . args)
   ;将复选框 checkbox1 的选中状态输出到 TUI 窗口
   (if (cx-show-toggle-button checkBox1)
      (display "checkBox1 has been checked!")
      (display "checkBox1 has not been checked!")
   )
)
(define (update-cb . args)
   ;设置复选框的选中状态
   (cx-set-toggle-button checkBox1 #t)
   (cx-set-toggle-button radioButton2 #t)
)
(define my-dialog-box (cx-create-panel "My Dialog Box" apply-cb update-cb))
(define table (cx-create-table my-dialog-box "This is an example Dialog Box"))
(define buttonBox (cx-create-button-box table "Button Box" 'radio-mode #f 'row 0))
(define checkBox1 (cx-create-toggle-button buttonBox "Check Box 1") )
(define checkBox2 (cx-create-toggle-button buttonBox "Check Box 2"))
(define buttonBox (cx-create-button-box table "Button Box" 'radio-mode #t 'row 1) )
(define radioButton1 (cx-create-toggle-button buttonBox "Radio Button 1") )
(define radioButton2 (cx-create-toggle-button buttonBox "Radio Button 2"))
(define radioButton3 (cx-create-toggle-button buttonBox "Radio Button 3"))
(define radioButton4 (cx-create-toggle-button buttonBox "Radio Button 4"))
(cx-show-panel my-dialog-box)
```

程序执行后弹出的对话框如图 8-9 所示。点击 **OK** 按钮可在 TUI 窗口输出多选框 Check Box 1 的选中状态。

8.3.4　按钮

按钮通常用于执行一系列指令，采用函数 **cx-create-button** 创建。

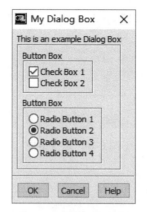

图 8-9 程序运行结果

函数使用方式为：

`(cx-create-button parent label callback row column)`

函数参数类型及说明见表 8-5。

表 8-5　cx-create-button 参数类型及说明

参数	类型	描述
parent	object	父级对象
label	string	按钮上的文本
callback	symbol/function	函数名，当按钮被点击时执行该函数
row	symbol/int	按钮在表格中的行定位
column	symbol/int	按钮在表格中的列定位

如下所示的按钮示例，该代码执行后弹出对话框如图 8-10 所示。

```
(define (apply-cb . args)
    (display "nothing")
)
(define (update-cb . args)
    (display "load")
)
(define counter 0)
(define (button-cb . args)
    (set! counter (+ 1 counter))
    (cx-set-text-entry txtField (string-append "times Clicked: " (number->string counter)))
)
(define my-dialog-box (cx-create-panel "My Dialog Box" apply-cb update-cb))
(define table (cx-create-table my-dialog-box "this is an example dialog box" ))
(define txtField (cx-create-text-entry table "" 'row 0 'col 0))
(cx-create-button table "Click" 'activate-callback button-cb 'row 1 'col 0)
(cx-show-panel my-dialog-box)
```

点击 **Click** 按钮后，文本框中的文本内容会随之改变。

图 8-10 运行结果

8.3.5 列表框与下拉框

列表框与下拉框常用于选项选择，其使用涉及 5 个函数：cx-create-list，创建列表框；cx-create-drop-down-list，创建下拉框；cx-set-list-items，设置列表框及下拉框中的列表项；cx-set-list-selections，设置初始化选中项；cx-show-list-selections，获取选中项。

（1）cx-create-list

此函数用于创建列表框，其用法如下：

`(cx-create-list parent label visible-line multiple-selections row column)`

其参数类型及说明见表 8-6。

表 8-6 cx-create-list 参数类型及说明

参数	类型	说明
parent	object	父级对象
label	string	GUI 上显示的列表名称
visible-lines	symbol/int	设置显示的行数，超过数量就显示滚动条
multiple-selections	symbol/boolean	设置是否允许选择多项
row	symbol/int	控件在表格中的行定位
column	symbol/int	控件在表格中的列定位

注：参数 visible-lines、multiple-selections、row、column 为可选参数。若不设置这些参数，则 visible-lines 默认为 10 行，multiple-selections 默认为#f，row 与 column 默认为 0。

（2）cx-create-drop-down-list

此函数用于创建下拉框，其用法如下：

`(cx-create-drop-down-list parent label multiple-selections row column)`

其参数类型及说明见表 8-7。

表 8-7 cx-create-drop-down-list 参数类型及说明

参数	类型	说明
parent	object	父级对象
label	string	GUI 上显示的列表名称
row	symbol/int	控件在表格中的行定位
column	symbol/int	控件在表格中的列定位

注：参数 row 与 column 为可选参数。

（3）cx-set-list-items

该函数用于为列表设置列表项，其用法如下：

```
(cx-set-list-items list items)
```

其参数类型及说明见表 8-8。

表 8-8　cx-set-list-items 参数类型及说明

参数	类型	说明
list	list	需要添加列表项的 list 名称
items	strings	需要添加的列表项字符串

（4）cx-set-list-selections

该函数用于设置列表框中被选中的列表项，其用法如下：

```
(cx-set-list-selections list selections)
```

其参数类型及说明见表 8-9。

表 8-9　cx-set-list-selections 参数类型及说明

参数	类型	说明
list	list	需要添加列表项的 list 名称
selections	list	需要被选中的列表项

（5）cx-show-list-selections

函数用于获取被选中的列表项，其用法如下：

```
(cx-show-list-selections list)
```

其参数仅包含一个列表框名称 list。下面是一个简单描述列表框的使用的案例：

```
(define (apply-cb . args)
   (display "nothing")
)
(define (update-cb . args)
   (display "load")
)
(define (button-cb . args)
  (cx-set-list-items myList2 (cx-show-list-selections myList1))
  (cx-set-list-selections myList2 (cx-show-list-selections myList1))
)
(define my-dialog-box (cx-create-panel "My Dialog Box" apply-cb update-cb))
(define table (cx-create-table my-dialog-box "This is an example Dialog Box"))
(define myList1 (cx-create-list table "List 1" 'visible-lines 3 'multiple-selections #t 'row 0))
  (cx-set-list-items myList1 (list "Item 1" "Item 2" "Item 3" "Item 4" "Item 5"))
  (define myList2 (cx-create-list table "List 2" 'visible-lines 5 'multiple-selections #t 'row 1))
  (cx-create-button table "Button" 'activate-callback button-cb 'row 2)
  (cx-show-panel my-dialog-box)
```

代码运行结果如图 8-11 所示。

图 8-11　列表框

一个描述下拉列表框应用的案例如下所示：

```
(define (apply-cb . args)
    (display "nothing")
)
(define (update-cb . args)
    (display "load")
)
(define (button-cb . args)
   (cx-set-list-items myDropList2 (cx-show-list-selections myDropList1))
)
(define my-dialog-box (cx-create-panel "My Dialog Box" apply-cb update-cb))
(define table (cx-create-table my-dialog-box "This is an example Dialog Box"))
(define myDropList1 (cx-create-drop-down-list table "Drop Down List 1" 'row 0))
   (cx-set-list-items myDropList1 (list "Item 1" "Item 2" "Item 3" "Item 4" "Item 5"))
   (define myDropList2 (cx-create-drop-down-list table "Drop Down List 2" 'row 1))
   (cx-create-button table "Button" 'activate-callback button-cb 'row 2)
(cx-show-panel my-dialog-box)
```

代码加载后对话框如图 8-12 所示。

图 8-12　下拉列表框

点击按钮 **Button**，可将 List1 中选中的选项 Copy 到 list2 中。

8.4 创建菜单

Fluent 菜单包括顶级菜单、子菜单以及菜单项。

8.4.1 添加顶级菜单

利用函数 cx-add-menu 可以添加新的顶级菜单。该函数形式如下：

```
(cx-add-menu name mnemonic)
```

函数参数中，name 为字符串，为显示在 GUI 上的菜单名称；mnemonic 为字符型快捷键，当同时按下 **Alt** 键及该快捷键时打开菜单。

快捷键一般用于顶级菜单中。若不想设置快捷键，可设置该参数为#f。

8.4.2 添加子菜单

子菜单的父级对象为顶级菜单。利用函数 cx-add-hitem 来创建子菜单，其形式如下：

```
(cx-add-hitem menu item mnemonic)
```

参数中，menu 为该子菜单的上一级菜单名称，item 为子菜单的名称，mnemonic 为子菜单的快捷键。

8.4.3 添加菜单项

不管是顶级菜单还是子菜单，均可添加菜单项。添加菜单项利用函数 cx-add-item 来实现。

```
(cx-add-item menu item mnemonic hotkey test callback)
```

此函数参数较多，各参数含义如表 8-10 所示：

表 8-10 cx-add-item 参数类型及说明

参数	类型	说明
menu	string	上级菜单的名称
item	string	菜单项的名称
mnemonic	char	快捷键。当上级菜单打开时，按 Alt 加此键可执行菜单
hotkey	char	热键。按 ctrl 键加此键可执行菜单
test	function	函数名称，必须返回#t
callback	function	菜单功能函数

注：mnemonics 及 hotkeys 并不常用，常设置为#f。

8.4.4 菜单案例

一个菜单案例代码如下，代码执行后如图 8-13 所示。

```
(define (gui-dialog-box
```

```
      (define (apply-cb . args)
         (display "")
      )
      (define (update-cb . args)
         (display "")
      )
      (define mydialog (cx-create-panel "mydialog" apply-cb update-cb))
      (cx-show-panel mydialog)
)
(cx-add-menu "MyUDF Menu" #\y)
(cx-add-item "MyUDF Menu" "Example Menu Option" #f #f #t #f)
(cx-add-hitem "MyUDF Menu" "Example Submenu" #f)
(cx-add-item "Example Submenu" "Example Submenu Option" #f #f #t #f)
(cx-add-item "MyUDF Menu" "MyUDF Dialog Box" #\x #f #t gui-dialog-box)
```

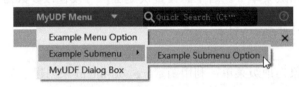

图 8-13 添加菜单

第 9 章 Fluent界面开发实例

本章以一些简单的案例描述 Fluent GUI 界面开发过程。

9.1 Y+计算器

Y+计算器通常是根据 Y+值估算第一层网格高度，实现效果如图 9-1 所示。

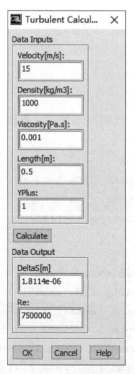

图 9-1　Y+计算器运行界面

Y+计算器采用 PointWise 官方网页提供的计算方法。该方法基于 Frank M. White 在《Fluid Mechanics》第 5 版 467 页中提出的关于平板边界层理论计算。

9.1.1 计算方法

具体计算方法如下。
先计算雷诺数：

$$Re = \frac{\rho UL}{\mu}$$

通过雷诺数计算摩擦系数：

$$C_f = \frac{0.026}{Re_x^{1/7}}$$

计算壁面剪切力：

$$\tau_{\text{wall}} = \frac{C_f \rho U^2}{2}$$

$$U_{\text{fric}} = \sqrt{\frac{\tau_{\text{wall}}}{\rho}}$$

得到第一层网格高度：

$$\Delta S = \frac{y^+ \mu}{U_{\text{fric}} \rho}$$

9.1.2 程序代码

创建 Scheme 代码，如下所示。代码很不简洁，是因为考虑到与 UDF 的接口。这里计算过于简单，并没有使用 UDF。

```
;RP Variable Create Function
( define ( make-new-rpvar name default type )
( if ( not (rp-var-object name))
(rp-var-define name default type #f )))

;RP Variable Declarations
(make-new-rpvar 'myudf/velocity 1.0 'real ) ;freestream velocity
(make-new-rpvar 'myudf/density 1.0 'real ) ;density
(make-new-rpvar 'myudf/mu 1.0 'real ) ;mu
(make-new-rpvar 'myudf/length 1.0 'real ) ; Length
(make-new-rpvar 'myudf/yplus 1.0 'real ) ; yplus
(make-new-rpvar 'myudf/deltas 0.0 'real ) ;/deltaS
(make-new-rpvar 'myudf/re 0.0 'real ) ;Re


;Dialog Box Definition
```

```
( define gui-dialog-box
;Let Statement, Local Variable Declarations
( let ((dialog-box #f )
  (table)
(myudf/box1)
(myudf/box2)
(myudf/velocity)
(myudf/density)
(myudf/mu)
(myudf/length)
(myudf/yplus)
(myudf/deltas)
(myudf/re)
)

;Update-CB Function, Invoked When Dialog Box Is Opened
( define ( update-cb . args )
(cx-set-real-entry myudf/velocity 1.0 )
(cx-set-real-entry myudf/density 1.0 )
(cx-set-real-entry myudf/mu 1.0 )
(cx-set-real-entry myudf/length 1.0 )
(cx-set-real-entry myudf/yplus 1.0 )
(cx-set-real-entry myudf/deltas 0.0 )
(cx-set-real-entry myudf/re 0.0 )
)

;Apply-CB Function, Invoked When "OK" Button Is Clicked
( define ( apply-cb . args )
(Cal)
)

;定义函数计算雷诺数与第一层网格高度
( define ( Cal )
(rpsetvar 'myudf/velocity (cx-show-real-entry myudf/velocity))
(rpsetvar 'myudf/density (cx-show-real-entry myudf/density))
(rpsetvar 'myudf/mu (cx-show-real-entry myudf/mu))
(rpsetvar 'myudf/length (cx-show-real-entry myudf/length))
(rpsetvar 'myudf/yplus (cx-show-real-entry myudf/yplus))
(rpsetvar 'myudf/deltas (cx-show-real-entry myudf/deltas))
(rpsetvar 'myudf/re (cx-show-real-entry myudf/re))

( define re (rpgetvar 'myudf/re ))
( define density (rpgetvar 'myudf/density ))
( define mu (rpgetvar 'myudf/mu ))
```

```
( define length (rpgetvar 'myudf/length ))
( define yplus (rpgetvar 'myudf/yplus ))
( define deltas (rpgetvar 'myudf/deltas ))
( define velocity (rpgetvar 'myudf/velocity ))
( define cf)
( define tau)
( define u_fric)

( set! re ( * density ( * velocity ( / length mu))))
( set! cf ( / 0.026 ( expt re ( / 1 7 ))))
( set! tau ( * cf ( * density ( * velocity ( / velocity 2 )))))
( set! u_fric ( sqrt ( / tau density)))
( set! deltas ( * yplus ( / mu ( * u_fric density))))

(cx-set-real-entry myudf/deltas deltas)
(cx-set-real-entry myudf/re re)
)

;Button-CB Function, Invoked When "Test Button" Is Clicked
( define ( button-cb . args )
(cal)
)
;Args Function, Used For Interface Setup, Required For Apply-CB, Update-CB, and Button-CB Sections

(lambda args
( if ( not dialog-box)
    ( let ()
       ( set! dialog-box (cx-create-panel "Turbulent Calculator" apply-cb update-cb))
    ( set! table (cx-create-table dialog-box "" 'border #f 'below 0 'right-of 0 ))

    ( set! myudf/box1 (cx-create-table table "Data Inputs" 'row 0 ))
    ( set! myudf/velocity (cx-create-real-entry myudf/box1 "Velocity[m/s]:" 'row 0 ))
    ( set! myudf/density (cx-create-real-entry myudf/box1 "Density[kg/m3]:" 'row 1 ))
    ( set! myudf/mu (cx-create-real-entry myudf/box1 "Viscosity[Pa.s]:" 'row 2 ))
    ( set! myudf/length (cx-create-real-entry myudf/box1 "Length[m]:" 'row 3 ))
    ( set! myudf/yplus (cx-create-real-entry myudf/box1 "YPlus:" 'row 4 ))
    (cx-create-button table "Calculate" 'activate-callback button-cb 'row 1 )
    ( set! myudf/box2 (cx-create-table table "Data Output" 'row 2 ))
    ( set! myudf/deltas (cx-create-real-entry myudf/box2 "DeltaS[m]" 'row 0 ))
    ( set! myudf/re (cx-create-real-entry myudf/box2 "Re:" 'row 1 ))
```

```
)  ;End Of Let Statement
)  ;End Of If Statement
;Call To Open Dialog Box
(cx-show-panel dialog-box)
)  ;End Of Args Function
)  ;End Of Let Statement
)  ;End Of GUI-Dialog-Box Definition

(gui-dialog-box)
```

代码使用方法：

① 新建文本文件（如 yplus.txt），修改文件名及扩展名为 yplus.scm；

② Fluent 中利用菜单 **File** → **Read** → **Scheme**…加载文件 yplus.scm 即可开启对话框。

9.2 湍流参数计算器

本节描述了利用 Fluent GUI 来计算湍流参数，运行界面如图 9-2 所示。

图 9-2 湍流参数计算器运行界面

9.2.1 基本公式

（1）湍流尺度 l

$$l = \frac{0.07L}{C_\mu^{3/4}}$$

式中，L 为水力直径；C_μ 为常数，通常取 0.09。

(2)湍流黏度 μ_t

$$\mu_t = \frac{\rho C_\mu k^2}{\varepsilon}$$

式中,ρ 为介质密度;经验常数 C_μ=0.09;k 为湍动能;ε 为湍流耗散率。

(3)湍动能 k

$$k = \frac{3(uI)^2}{2}$$

式中,u 为平均流速;I 为湍流强度。

(4)湍流耗散率 ε

$$\varepsilon = \frac{k^{1.5}}{l}$$

(5)湍流强度 I

$$I = 0.16 Re^{-1/8}$$

(6)湍流黏度比 R

$$R = \mu_t/\mu$$

(7)湍流比耗散率 ω

$$\omega = \frac{k^{1/2}}{C_\mu l}$$

9.2.2 程序代码

程序代码如下所示。

```
(define apply-cb #t)
(define update-cb #f)

(define velocity 1.0)
(define density 1.0)
(define mu 1.0)
(define L 1.0)

(define tk 0.0)
(define ti 0.0)
(define tl 0.0)
(define te 0.0)
```

```scheme
(define muratio 0.0)
(define omega 0.0)

(define (update-cb . args)
    (cx-set-real-entry density 1.0)
    (cx-set-real-entry velocity 1.0)
    (cx-set-real-entry mu 1.0)
    (cx-set-real-entry L 1.0)
)

(define (Calc)
    (define Rvelocity (cx-show-real-entry velocity))
    (define Rdensity (cx-show-real-entry density))
    (define Rmu (cx-show-real-entry mu))
    (define RL (cx-show-real-entry L))
    (define Rtk 0.0)
    (define Rti 0.0)
    (define Rtl 0.0)
    (define Rte 0.0)
    (define Rmuratio 0.0)
    (define Romega 0.0)
    (define Re 0.0)
    (define Rmut 0.0)
    (define cu 0.09)
    ;开始计算
    (set! Rtl (/ (* 0.07 RL) (expt cu 0.75)))   ;计算特征尺度
    (set! Re (* Rdensity (* RL (/ Rvelocity Rmu))))  ;计算雷诺数
    (set! Rti (* 0.16 (expt Re (/ -1 8))))  ;计算湍流强度
    (set! Rtk (* 1.5 (expt (* Rvelocity Rti) 2)))  ;计算湍动能
    (set! Rte (/  (expt Rtk 1.5) Rtl))  ;计算湍流耗散率
    (set! Rmut (/ (* Rdensity 0.09 (* Rtk Rtk)) Rte))  ;计算湍流黏度
    (set! Rmuratio (/ Rmut Rmu))  ;计算湍流黏度比
    (set! Romega (/ (expt Rtk 0.5) (* cu Rtl)))  ;计算湍流比耗散率
    (cx-set-real-entry tk Rtk)
    (cx-set-real-entry ti Rti)
    (cx-set-real-entry tl Rtl)
    (cx-set-real-entry te Rte)
    (cx-set-real-entry muratio Rmuratio)
    (cx-set-real-entry omega Romega)

    (display (string-append "Reynold Number :" (number->string Re)))
    (newline)
    (display (string-append "Length scale :" (number->string Rtl) " m"))
    (newline)
```

```scheme
        (display (string-append "turbulent kinetic:" (number->string Rtk) "
m2/s3"))
        (newline)
        (display (string-append "turbulent intensity :" (number->string Rti) "
m2/s2"))
        (newline)
        (display (string-append "turbulent Dissipation Rate :" (number->string Rte)
" m2/s3"))
        (newline)
        (display (string-append "turbulent viscosity :" (number->string Rmu) "
kg/(m.s)"))
        (newline)
        (display (string-append "turbulent viscosity ratio :" (number->string
Rmuratio) ))
        (newline)
        (display (string-append "omega :" (number->string Romega) " 1/s"))
    )

    (define (apply-cb . args)
        (Calc)
    )

    (define (button-cb . args)
        (Calc)
    )

    (define dialog-box (cx-create-panel "Turbulent Para" apply-cb update-cb))
    (define table (cx-create-table dialog-box "" 'border #f 'below 0 'right-of 0))
    (define box1 (cx-create-table table "Data Inputs" 'row 0 'col 0))
    (define myDropList (cx-create-drop-down-list box1 "Compute From:" 'row 0 '
col 0))
    (cx-set-list-items myDropList (map thread-name (sort-threads-by-name(get-
face-threads))))

    (set! velocity (cx-create-real-entry box1 "Velocity[m/s]:" 'row 1 'col 0))
    (set! density (cx-create-real-entry box1 "Density[kg/m3]:" 'row 2))
    (set! mu (cx-create-real-entry box1 "Viscosity[Pa.s]:" 'row 3))
    (set! L (cx-create-real-entry box1 "Length[m]:" 'row 4))
    (cx-create-button table "Calculate>>" 'activate-callback button-cb 'row 1 )
    (define box2 (cx-create-table table "Data Output" 'row 0 'col 2))
    (set! tk (cx-create-real-entry box2 "Turbulent Kinetic Energy[m3/s2]:"
'row 1))
    (set! ti (cx-create-real-entry box2 "Turbulent Intensity[m2/s2]:" 'row 2))
    (set! tl (cx-create-real-entry box2 "Turbulent Scale[m]:" 'row 3))
```

```
    (set! te (cx-create-real-entry box2 "Turbulent Dissipation Rate[m2/s3]:"
'row 4))
    (set! muratio (cx-create-real-entry box2 "Turbulent Viscosity Ratio:" 'row 5))
    (set! omega (cx-create-real-entry box2 "omega[1/s]:" 'row 6))

    (cx-show-panel dialog-box)
```

9.3 UDF 交互

前面的例子中，计算工作都是利用 Scheme 完成的。本案例演示利用 Scheme 构建界面，利用 UDF 执行计算。其中核心内容在于 Scheme 与 UDF 之间的数据交换。完成的界面如图 9-3 所示。

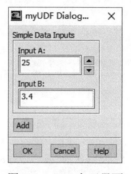

图 9-3　UDF 交互界面

点击按钮 **Add** 后，能将 A 与 B 的和输出到 TUI 窗口中，运行结果如图 9-4 所示。

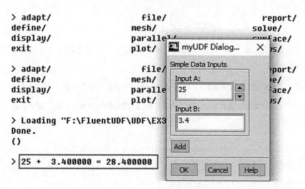

图 9-4　运行结果

虽然说 Scheme 的功能足够强大，但是 UDF 在 Fluent 中毕竟更加灵活，也能够实现更多的功能。

9.3.1 Scheme 代码

Scheme 负责 GUI 界面，代码如下所示。

```
;RP Variable Create Function
(define (make-new-rpvar name default type)
  (if (not (rp-var-object name))
      (rp-var-define name default type #f)))

;RP Variable Declarations
(make-new-rpvar 'myudf/real 0.0 'real)
(make-new-rpvar 'myudf/int 0 'int)
(make-new-rpvar 'myudf/result 0.0 'real)

;Dialog Box Definition
(define gui-dialog-box
  ;Let Statement, Local Variable Declarations
  (let ((dialog-box #f)
        (table)
          (myudf/box1)
          (myudf/box2)
          (myudf/box3)
          (myudf/real)
          (myudf/int)
       )

       ;Update-CB Function, Invoked When Dialog Box Is Opened
       (define (update-cb . args)
          (cx-set-integer-entry myudf/int (rpgetvar 'myudf/int))
          (cx-set-real-entry myudf/real (rpgetvar 'myudf/real))
       )

       ;Apply-CB Function, Invoked When "OK" Button Is Clicked
       (define (apply-cb . args)
           (rpsetvar 'myudf/real (cx-show-real-entry myudf/real))
           (rpsetvar 'myudf/int (cx-show-integer-entry myudf/int))
       )

       ;Button-CB Function, Invoked When "Test Button" Is Clicked
       (define (button-cb . args)
          (rpsetvar 'myudf/real (cx-show-real-entry myudf/real))
          (rpsetvar 'myudf/int (cx-show-integer-entry myudf/int))
          (%run-udf-apply 1)
       )

       ;Args Function, Used For Interface Setup, Required For Apply-CB, Update-CB,
and Button-CB Sections
       (lambda args
```

```
          (if (not dialog-box)
             (let ()
                (set! dialog-box (cx-create-panel "myUDF Dialog Box" apply-cb update-cb))
                (set! table (cx-create-table dialog-box "" 'border #f 'below 0 'right-of 0))
                (set! myudf/box1 (cx-create-table table "Simple Data Inputs" 'row 0 'col 0))
                (set! myudf/int (cx-create-integer-entry myudf/box1 "Input A:" 'row 2))
                (set! myudf/real (cx-create-real-entry myudf/box1 "Input B:" 'row 3))
                (cx-create-button table "Add" 'activate-callback button-cb 'row 1)
             ) ;End Of Let Statement
          ) ;End Of If Statement
          ;Call To Open Dialog Box
          (cx-show-panel dialog-box)
       ) ;End Of Args Function
    ) ;End Of Let Statement
) ;End Of GUI-Dialog-Box Definition
(gui-dialog-box)
```

9.3.2 UDF 代码

UDF 代码如下所示。

```
#include "udf.h"
DEFINE_EXECUTE_FROM_GUI(check, libudf, mode)
{
  //Variable Declarations
  int iNumber = RP_Get_Integer("myudf/int");
  float RNumber = RP_Get_Real("myudf/real");
  float result = iNumber + RNumber;
  if(mode == 1){
    Message("%d + % f = %f \n",iNumber, RNumber ,result);
  }
  else
  {
    Message("Error!\n");
  }
}
```

> **注意** UDF 代码只能采用编译方式加载。

第3部分 流程封装

第 10 章
Fluent进程封装

10.1 Fluent 文本操作界面

Fluent 除了提供 GUI 界面操作方式外，同时还包含了一套命令操作方式，该方式称为 TUI（text user interface）。

10.1.1 基本介绍

Fluent 文本菜单系统为软件的底层操作过程提供了一个具有层次性的接口。

① 用户可以使用任何基于文本的工具对操作命令进行处理。所有的命令输入可以保存在文本文件中，可以利用文本编辑器对其进行修改，可以利用 Fluent 读入后执行。

② 文本菜单系统与 Scheme 扩展语言集成紧密，因此可以轻松地对其进行编程，以提供复杂的控制和定制功能，如 Scheme 界面定制或 ACT 功能定制。

> **注意** Fluent 控制台包含有命令自动完成特性。其可以在用户输入命令时实现智能提示，以方便用户输入命令。该功能可以在 Preferences 中开启或关闭。

菜单系统结构类似于 LINUX 操作系统的目录树结构。当启动 Fluent 后，用户处于"根"节点，命令菜单提示符为一个插入符号（>）。若想要列出当前命令节点下的所有子命令，可以通过键入回车键（**Enter** 键）来实现。Fluent Meshing 模式与 Solution 模式的命令存在差异。示例代码如下：

```
>Enter
adapt/              mesh/               surface/
define/             parallel/           switch-to-meshing-mode
display/            plot/               views/
exit                report/
file/                       solve/
```

按照惯例，子菜单名以/结尾，以区别于菜单命令。若要执行命令，可以键入其名称(或缩写)。当用户移动到子菜单时，提示符将更改为反映当前菜单名称。示例代码如下：

```
> display

/display > set

/display/set >
```

返回上一级菜单，可以通过命令 **q** 或 **quit** 来实现。示例代码如下：

```
/display/set > q
/display
```

用户也可以通过直接输入命令的完整路径直接跳转到命令，如下所示。

```
/display > /file

/display//file >
```

在上面的例子中，命令从/display 直接换到/file。因此，当用户退出/file 菜单时，命令将直接返回/display。

```
/display//file > q

/display >
```

如果在执行命令的过程中没有在任何菜单中停止，命令执行完毕后将再次返回到调用该命令的菜单。

```
/display /file start-journal jrnl

/display >
```

若要编辑当前命令，用户可以使用左右箭头键定位光标，使用退格键进行删除，重新键入命令即可。

10.1.2 命令缩写

要选择菜单命令，并不需要键入整个名称，用户可以键入与该命令匹配的缩写。
① 命令名由连接符分隔的短语组成；
② 通过匹配命令的短语的初始序列来匹配；
③ 通过选择连字符进行匹配；
④ 通过匹配其字符的初始序列来匹配；
⑤ 通过输入的字符进行匹配。

命令匹配规则如下：
① 如果一个缩写匹配多个命令，则选择匹配短语数量最大的命令。
② 如果多个命令具有相同数量的匹配短语，则选择菜单中出现的第一个命令。如缩写 set-ambientcolor、s-a-c、sac 和 sa 都将匹配给定的命令 set-ambientcolor。
③ 在缩写命令时，有时用户的缩写将匹配多个命令。在这种情况下，选择第一个命令。
④ 偶尔也会出现意外，如缩写 lint 无法匹配命令 lighting-interpolation，因为 li 匹配了 lights-on?而 nt 无法匹配 interpolation。此时可以使用其他的缩写进行匹配，如 liin 或 l-int。

10.1.3 命令历史

在 TUI 窗口中，用户可以通过键盘上的↑键访问之前输入执行的命令。默认情况下只能上溯最近的 10 条命令。用户可以通过命令来设置 TUI 窗口保存的命令数，如下代码为设置 15 条命令：

```
> (set! *cmd-history-length* 15)
```

注意

若 Fluent 是采用命令启动的，且命令中带有-g 选项，则命令历史记录不可用。

10.1.4 运行 Scheme

在 TUI 窗口中可以运行 Scheme 语句，运行方式如下所示：

```
> (define a 1)

a

> (+ a 2 3 4)

10
```

10.2 文本提示系统

Fluent TUI 命令需要加入各种参数，如数字、文件名、yes/no 响应、字符串和列表等。文本提示系统提供了命令输入的统一接口。一个提示符由一个提示字符串组成，后面跟着一个圆括号括起来的可选的单位字符串，其后跟着一个方括号括起来的默认值。下面是一些命令提示的例子：

```
filled-mesh? [no] Enter

shrink-factor [0.1] Enter

line-weight [1] Enter

title [""]Enter
```

通过按下键盘上的 **Enter** 键或输入 **a**，（逗号）接受提示符的默认值。

注意

此处的逗号不是分隔符。它是一个单独的标记，用于指示一个默认值。如序列 1, 2 产生三个值：第一个提示符的数字 1，第二个提示符的默认值，第三个提示符的数字 2。

输入 ? 可以在任何提示符处显示简短的帮助消息。快捷键 **Ctrl+C** 可以终止命令提示序列。

10.2.1 数字

最基本的命令参数为数字。其可以为整数或实数，如 16、−2.4、.9e5 及+1e−5 均为合法的数字。

① 数字可以被指定为二进制、八进制或十六进制，如十进制数 31 可以被写作 31、#b11111、#o37、#x1f。

② 在 Scheme 中，整数被当做实数的子集，所以无需使用一个小数点来表示一个数字是实数，2 和 2.0 都是实数。

③ 如果在整数提示符下输入一个实数，那么该实数的小数部分都将被直接截断。如 1.9 将变成 1。

10.2.2 布尔值

有些提示需要回答 yes 或 no。yes 或 y 作为积极响应，no 或 n 作为消极响应。yes/no 提示用于确认那些存在潜在危险的操作，如覆盖现有文件、在不保存数据的情况下退出等。有些提示需要实际的 Scheme 布尔值(true 或 false)。此时输入表示真和假的 Scheme 符号#t 和#f。

10.2.3 字符串

字符串以双引号表示，如"red"。字符串可以包含任何字符，包括空格及标点符号。

10.2.4 符号

符号（symbol）的输入不带引号。典型的符号如区域名称、边界名称和材料名称等。符号必须以字母开头，且不能包含任何空格或逗号。

在 TUI 中，可以使用通配符指定区域名称。一些例子如下：

（1）*被翻译成所有区域

如命令 display/boudary-grid *可以显示网格中的所有边界；命令/boundary/delete-island-faces wrap*可以删除所有带 wrap 前缀的区域上的孤立面。

（2）>被翻译为图形窗口中可见的所有区域

如命令/boundary/manage/delete >，yes 可以删除所有图形窗口中可见的区域。

（3）^被翻译为图形窗口中选择的所有区域

命令/boundary/manage/delete ^，yes 可以删除图形窗口中选中的区域。

（4）[object_name 翻译为所有包含名称 object_name 的区域

如命令/boundary/manage/delete [box, yes 删除所有名称为 box 的区域。

（5）[object_name/label_name 被翻译为所有 Object_name 包含 label_name 的区域

如命令/boundary/manage/delete [fluid/box*, yes 删除名称 fluid 中包含 box 标签的所有区域。

如果对需要单个区域作为输入的操作使用通配符，系统将提示从匹配指定表达式的列表中指定单个区域。

```
> /boundary/manage/name wall*  <Enter>
 wall-1     wall-3      wall-5
 wall-2     wall-4      wall-6
Zone Name [ ]
```

10.2.5 文件名

文件名实际上是字符串。为了方便起见，文件名提示不要求字符串用双引号括起来。如果文件名包含空格，则必须用双引号括起来。

如命令：

```
>/file/read-case/ "mesh.msh"
```

读取网格文件 mesh.msh。

10.2.6 列表

Fluent 中的一些函数需要一个对象列表，如数字、字符串、布尔值等。例如下述代码创建了一个包含三个数字（分别为1,10,100）的列表。

```
element(1) [()] 1
element(2) [()] 10
element(3) [()] 100
element(4) [()] Enter
```

也可以直接输入：

```
element(1) [1] '(1 10 100)
```

10.2.7 求值

Scheme 解释器将对提示符的所有响应（除了文件名以外）进行计算。因此，用户可以输入任何有效的 Scheme 表达式作为对提示的响应。例如，输入一个单位向量，其中一个分量等于 1/3（不使用计算器）：

```
/foo> set-xy
x-component [1.0] (/ 1 3)
y-component [0.0] (sqrt (/ 8 9))
```

或者，可以先定义一个工具函数来计算单位向量的第二个分量：

```
> (define (unit-y x) (sqrt (- 1.0 (* x x))))
unit-y
/foo> set-xy

x-component [1.0] (/ 1 3)
y-component [0.0] (unit-y (/ 1 3))
```

10.2.8 系统命令

可以利用!运行系统命令。如 Windows 系统下可以使用 cd 命令查看当前路径下的文件信息。

```
> !cd

p:/cfd/run/valve
> !dir valve*.*/w

    Volume in drive P is users
    Volume Serial Number is 1234-5678
    Directory of p:/cfd/run/valve
    valve1.cas      valve1.msh      valve2.cas      valve2.msh
       4 File(s)         621,183 bytes
       0 Dir(s)     1,830,088,704 bytes free
```

10.2.9 文本菜单

在为 ANSYS Fluent 编写 Scheme 扩展函数时，通常可以方便地利用 ti-menu-load-string 函数中包含的菜单命令。例如，要打开图形窗口 2，使用如下命令：

```
(ti-menu-load-string "di ow 2")
```

例如使用一个 Scheme 循环将打开窗口 1 和窗口 2，并在窗口 1 中显示网格的前视图，在窗口 2 中显示网格的后视图：

```
(for-each
(lambda (window view)
   (ti-menu-load-string (format #f "di ow ~a gr view rv ~a"
window view)))
'(1 2)
'(front back))
```

这个循环使用 format 函数来构造菜单-load-string 使用的字符串。这个简单的循环也可以在完全不使用菜单命令的情况下编写。

```
(for-each
(lambda (window view)
   (cx-open-window window)
   (display-mesh)
   (cx-restore-view view))
'(1 2) '(front back))
```

还可以创建别名以方便调用，如：

```
(alias 'dg (lambda () (ti-menu-load-string "/di gr")))
```

之后在命令窗口中输入 dg 即可执行菜单命令。

> **注意** ti-menu-load-string 执行的都是完整的菜单命令，如下面的命令是不对的。
>
> ```
> (ti-menu-load-string "open-window 2 gr")
> ```
>
> 正确的命令应为：
>
> ```
> (ti-menu-load-string "display open-window 2 mesh")
> ```

10.3 进程调用式流程开发

除了使用 ACT 及 Scheme 进行 Fluent 二次开发外，用户还可以使用进程调用的方式进行开发。本节用简单示例描述此种开发过程。用户可以使用自己熟悉的 GUI 开发工具创建界面，之后调用 Fluent 在后台运行并输出计算结果。

这里有两个问题需要解决：

① 进程调用。一般主流的程序设计语言都带有进程调用功能，可以调用外部程序。这里需要将 Fluent 当作外部程序进行调用。

② 运行脚本。可以作为 Fluent 的调用参数的脚本，包括 jou 脚本文件、transcript 脚本文件以及 scm 程序代码。

10.3.1 进程调用

常见的编程语言通常都能够调用外部程序。如 C 中 ShellExecute 函数，C#中的 System.Diagnostics.Process.Start 函数，Python 中的 os.system 等均可用于外部程序调用，因此这些语言都可以用来做 Fluent 二次开发。

下面简单描述 Python 中进程调用的几种方式。

（1）os.system()

该方法脱胎于 C 语言的 system 函数。调用方式很简单，如下面的代码可以启动 Fluent：

```
import os
os.system(r'C:\"Program files\ANSYS Inc"\v201\fluent\ntbin\win64\fluent.exe')
```

> **注意**　这里因为本机 ANSYS 安装到了有空格的路径下，所以需要使用双引号引起来，否则访问不到。若不想受空格困扰，可以将 Fluent 路径添加到环境变量 path 中。

os.system 函数无法获取调用后的返回结果，因此也无法判断程序什么时候运行结束。利用此方式启动外部程序时，主进程会被阻塞，直至子进程调用完毕。

（2）os.popen()

popen 方式与 system 方式类似，不过此方法可以返回程序运行结果。简单的调用形式如下：

```
import os
out = os.popen(r'C:\"Program files\ANSYS Inc"\v201\fluent\ntbin\win64\fluent.exe 2d -t2')
print(out.read())
```

上面的代码指定以 2d，2 个 CPU 并行方式启动 Fluent。

popen 执行不会造成主进程阻塞。

（3）subprocess.Popen()

利用 subprocess 模块中的 Popen 函数可以调用外部程序。该函数参数较多，不过最简单的方式无异于：

```
import subprocess
subprocess.Popen(r'C:\"Program files\ANSYS Inc"\v201\fluent\ntbin\win64\fluent.exe',shell=True)
```

以上命令可以启动 Fluent。Popen 不会造成主进程阻塞。Popen 函数的功能众多，这不是本书重点，有兴趣自行查找资料。

（4）subprocess.call()

call 函数与 Popen 函数并无太大区别。

```
import subprocess
ps = subprocess.call(r'C:\"Program files\ANSYS Inc"\v201\fluent\ntbin\win64\fluent.exe',shell=True)
print(ps)
```

以上 4 种方式均可用于外部进程调用。它们的区别在于：
① os.system() 用于简单执行命令，可以显示执行结果。
② os.popen() 用于简单执行命令，不能显示执行结果，可以通过变量返回执行结果。
③ subprocess.Popen() 用于执行复杂命令，可以显示执行结果，可以设置输出内容。
④ subprocess.call() 用于执行复杂命令，可以显示执行结果，可以设置输出内容。

对于 Fluent 二次开发，上面 4 种方式皆可使用。下面的案例使用 os.popen 函数作为进程调用工具。

10.3.2 Fluent 命令启动

采用命令启动 Fluent 时可以带有参数，这里挑一些在二次开发时可能用得上的参数，见表 10-1。更多参数可参阅 Fluent Getting Started 文档。

表 10-1 命令参数及说明

命令参数	说明
-g	后台执行，无图形界面
-i	执行脚本，可以为 jou 或 trn 脚本
-t	指定 CPU 数量并行执行
-meshing	启动 Fluent Meshing，需要在 3d 或 3ddp 模式下
-tm	指定运行 Meshing 的 CPU 数量
模式	2d/2ddp/3d/3ddp

二次开发时，常将 Fluent 作为后台应用，因此常用的调用方式为：

```
fluent 3ddp -t4 -g -i jou1.jou
```

上面的调用方式为：以 3d 双精度形式，4 个 CPU，后台运行，执行脚本 jou1.jou 文件。

10.3.3 准备 TUI

后台运行的 Fluent 无法执行包含有 GUI 操作的脚本，因此只能使用 TUI。需要注意，如果采用录制脚本的方式产生的 log 文件，其中的脚本大多是依赖于 GUI 的，如果 Fluent 启动命令中包含有 -g 参数，则运行这些依赖 GUI 的脚本时会报错。纯粹的 TUI 命令并不需要 GUI

支持。

如下为一个简单的 TUI 流程：

```
;打开网格文件 Ex.msh
/file/read-case "EX.msh"
;修改空间形式为轴对称
/define/models/axisymmetric? yes
;设置湍流模型为 realizable k-epsilon 模型
/define/models/viscous/ke-realizable? yes
;改变默认材料 air 为 water,并修改其密度与黏度值
/define/materials/change-create air water yes,1000,,yes,0.001,,,yes
;设置入口速度为 2m/s
/define/boundary-conditions/set/velocity-inlet ,,vmag,2 q
;采用混合初始化
/solve/initialize/hyb-initialization
;指定迭代次数为 300 次并执行计算
/solve/iterate/300
;保存 cas 及 dat 文件
/file/write-case-data EX2.cas
```

Fluent 调用的脚本可以是 Scheme 脚本文件，其不仅可以包含 TUI 指令，还能够具有程序设计结构。

10.3.4 示例程序

基本思路：利用 PySimpleGUI 开发界面，收集界面上用户输入的信息并生成 log 文件，利用进程调用该 log 文件产生计算结果。运行界面如图 10-1 所示。

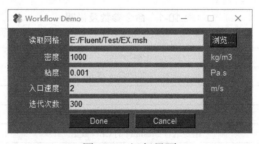

图 10-1 运行界面

参数准备完毕后点击 **Done** 按钮执行计算流程，计算完毕后在 msh 文件相同路径下生成 cas 与 dat 文件，如图 10-2 所示。

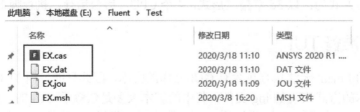

图 10-2 生成 cas 和 dat 文件

这里将 Fluent 路径（C:\Program files\ANSYS Inc\v201\fluent\ntbin\win64\fluent.exe）添加到环境变量 Path 中，这样调用的时候就无需输入很长的路径了，如图 10-3 所示。

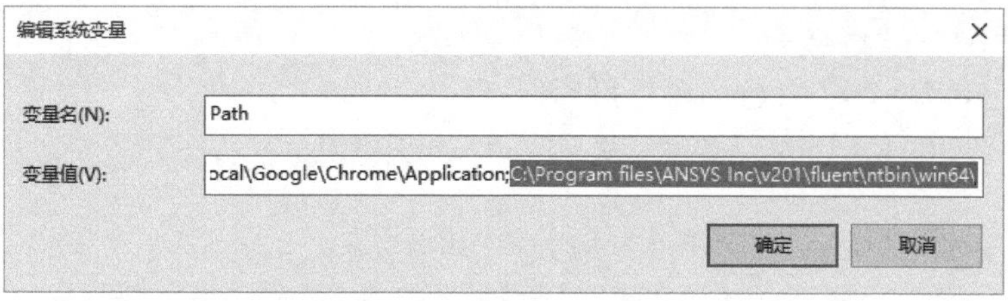

图 10-3 添加环境变量

程序代码如下：

```python
import PySimpleGUI as sg
import os

layout = [[sg.Text('读取网格:',size=(8,1)),sg.InputText(size=(32,1)),sg.FileBrowse('浏览...',file_types=(("msh files","*.msh"),("cas files","*.cas"),))],
          [sg.Text('密度:',size=(8,1)),sg.Input('1000',size=(32,1)),sg.Text('kg/m3')],
          [sg.Text('黏度:',size=(8,1)),sg.Input('0.001',size=(32,1)),sg.Text('Pa.s')],
          [sg.Text('入口速度:',size=(8,1)),sg.Input('2',size=(32,1)),sg.Text('m/s')],
          [sg.Text('迭代次数:',size=(8,1)),sg.Input('300',size=(32,1)),sg.Text('')],
          [sg.Text(size=(8,1)),sg.Button('Done',size=(12,1)),sg.Button('Cancel',size=(12,1))]
          ]

window = sg.Window('Workflow Demo',text_justification='right').Layout(layout)

def createFile(joufile,mshfile,dens=1000,vis=0.001,vel=2,nit=300):
    casfile = mshfile.split('.')[0]+'.cas'
    f = open(joufile,'w')
    f.write('/file/read-case {0}\n'.format(mshfile))
    f.write('/define/models/axisymmetric? yes\n')
    f.write('/define/models/viscous/ke-realizable? yes\n')
    f.write('/define/materials/change-create air water yes,{0},,yes,{1},,,yes\n'.format(dens,vis))
    f.write('/define/boundary-conditions/set/velocity-inlet ,,vmag,{0} q\n'.format(vel))
    f.write('/solve/initialize/hyb-initialization\n')
    f.write('/solve/iterate/{0}\n'.format(nit))
```

```
            f.write('/file/write-case-data {0}\n'.format(casfile))
        f.close()

    def runCalc(joufile):
        if(os.path.exists((joufile))):
            os.popen('fluent 2ddp -g -i '+ joufile)
        else:
            sg.popup('log 文件不存在',title='错误')


    while True:
        event,values = window.Read()
        if event is None or event=='Cancel':
            break;
        elif event =='Done':
            try:
                mshfile = values[0]
                dens = eval(values[1])
                vis = eval(values[2])
                vel = eval(values[3])
                nit = eval(values[4])
                # 获得jou文件的路径
                joufile = mshfile.split('.')[0]+'.jou'
                createFile(joufile,mshfile,dens,vis,vel,nit)
                runCalc(joufile)
            except:
                # 参数输入有误：包括没有选择msh文件或在数字中输入了字符
                sg.popup('参数输入有误!请检查输入参数后再继续！',title='出错了')

    window.Close()
```

示例代码包含两方面内容：

① 产生jou文件。这可以简单地使用写文件操作得到。几乎所有主流编程语言都包含此功能。

② 运行带参数的fluent。这通过进程调用实现。

10.4 ACT 流程开发

10.4.1 ACT 介绍

ACT（ANSYS Customization Tools）是一个用于定制和扩展 ANSYS 产品的工具包，如图 10-4 所示。其提供了一系列方法来创建满足用户特定需求的工程仿真应用程序。尽管定制适合用户需求的仿真应用程序非常麻烦且耗费时间，但 ACT 能够简化此过程，其允许用户将更多的精力放在模拟分析上，而不是软件开发上。

ACT 使用可扩展标记语言（XML）及 IronPython 编程语言进行开发。即使用户不是软件开发专业用户，也可以利用 ACT 为自己的高级仿真工作流程创建定制的应用程序。与典型的软件编程不同，ACT 开发并不需要商业的集成开发环境(IDE)。相反，其提供了一个直观的开发环境，并提供了相应的工具、文档和大量示例来指导用户完成开发过程。使用 ACT，用户可以在几小时或几天内创建自定义应用程序。

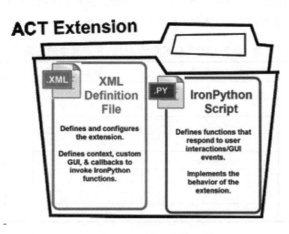

图 10-4　ACT 工具包

许多 ANSYS 产品都公开了自己的脚本解决方案。然而，ACT 为定制所有 ANSYS 产品提供了一个单一的脚本解决方案。用户可以将 ACT API(应用程序编程接口)与特定产品的 API 混合使用，而无需编译外部代码或与现有的 ANSYS 库连接。此外，用户可以通过 ACT 管理这些产品和其他定制程序之间的接口，确保它们都能准确地进行交互。

ACT 直观的 API 和简单的应用程序创建工具能够抓住专业的仿真分析师的最佳工程实践，从而可以降低培训和仿真成本，并使更多的工程师和设计师能够有效地使用仿真工具。ACT 通过建立一个统一的模拟工作流程，允许用户将其非 ANSYS 工程工具和数据集成到 ANSYS 生态系统中，以使工程团队的生产力最大化。

10.4.2　ACT 的功能概述

ANSYS ACT 主要能提供三类功能：

（1）特征创建

特征创建是对 ANSYS 产品的最直接的定制。除了利用产品中已有的功能之外，ACT 还允许用户添加自己的功能和操作。

（2）仿真流程集成

仿真流程集成是将外部知识(如应用程序、流程和脚本)整合到 ANSYS 生态系统中。使用 ACT，用户可以创建自定义仿真工作流，并将其插入到 Workbench 的仿真流程中。工程仿真流程是对定义良好的数据执行一系列操作，以获得有意义的结果。典型的仿真工作流程可以分为五个步骤：

① 定义输入数据；
② 准备执行参数；

③ 开始仿真计算；
④ 产生结果数据；
⑤ 展示仿真结果。

(3) 流程压缩

流程压缩是将一个或多个 ANSYS 产品中可用的流程进行封装和自动化处理。
ACT 在不同的 ANSYS 产品中的应用如表 10-2 所示。

表 10-2　ACT 在不同的 ANSYS 产品中的应用

产品	功能创建	仿真流程集成	流程压缩
AIM			√
DesignModeler	√		√
DesignXplorer	√		√
Electronics Desktop			√
Fluent	√		√
Mechanical	√		√
SpaceClaim			√
Workbench	√	√	√

10.4.3　技能需求

ACT 由一个 XML 文件（定义和配置扩展的内容）和至少一个 IronPython 脚本（定义用户交互调用的函数，实现扩展的行为）组成。开发 ACT 需要掌握两方面技能：XML 以及 IronPython。

ACT App Builder 使得创建和编辑 XML 文件和 IronPython 脚本更加容易。与手动执行这些应用程序构建操作不同，用户可以使用此工具在交互式环境中自动生成可重用脚本以进行定制过程，而无需编写代码。内置的日志记录消除了手工回调编程和属性替换，极大地简化和加速了定制过程。若需要自定义 ANSYS 求解器，则需要具备 APDL 的知识。另外，高级用户也可以使用.NET 进行开发。

XML 是一种极容易学习的语言，ironPython 是一种在.NET 和 Mono 上实现的 Python 语言。其实都比较容易学习。

10.4.4　ACT 开发示例

在 Fluent 中可以利用 ACT 快速的定义仿真计算流程。本示例 ACT 要实现的功能包括：
① 导入 msh 文件；
② 指定湍流模型；
③ 指定进出口边界；
④ 指定迭代次数；
⑤ 执行计算。

(1) 计算模型描述

用一个最简单的计算模型进行演示。一个长度 100 mm、直径 20 mm 的圆管，入口速度为 1 m/s，流体介质为液态水（密度 1000 kg/m³，动力黏度 0.001 Pa·s）。

雷诺数：

$$Re = \frac{\rho UD}{\mu} = \frac{1000 \times 1 \times 0.02}{0.001} = 20000$$

采用 SST k-omega 湍流模型进行计算。计算中采用 2D 轴对称模型，计算模型如图 10-5 所示。

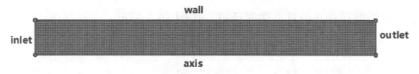

图 10-5　计算模型

（2）准备 TUI

Fluent ACT 开发，其核心功能实现来源于 TUI。因此先把 TUI 命令挑出来，多调试几次，确保运行顺畅。

```
;打开网格文件 Ex.msh
/file/read-case "EX.msh"
;修改空间形式为轴对称
/define/models/axisymmetric? yes
;设置湍流模型为 realizable k-epsilon 模型
/define/models/viscous/ke-realizable? yes
;改变默认材料 air 为 water,并修改其密度与黏度值
/define/materials/change-create air water yes,1000,,yes,0.001,,,yes
;设置入口速度为 2m/s
/define/boundary-conditions/set/velocity-inlet ,,vmag,2 q
;采用混合初始化
/solve/initialize/hyb-initialization
;指定迭代次数为 300 次并执行计算
/solve/iterate/300
;保存 cas 及 dat 文件
/file/write-case-data EX2.cas
```

（3）搭建 ACT

现在搭建一个 ACT 框架，从网格导入到求解计算。界面 GUI 构造可利用 ANSYS 提供的 APP Builder 来完成。

① 启动 ANSYS Workbench，点击工具栏按钮 **ACT Start Page** 打开 ACT Home 面板，如图 10-6 所示。

图 10-6　打开 ACT Home 面板

② 点击按钮 **Open App Builder** 打开 APP 设计程序，如图 10-7 所示。

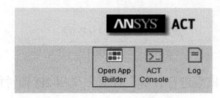

图 10-7　打开 APP 设计程序

③ 选中按钮**新项目**打开项目创建对话框，如图 10-8 所示。

图 10-8　创建对话框

④ 设置项目名称及路径，如图 10-9 所示。

图 10-9　设置项目名称及路径

⑤ 点击按钮**添加产品**，如图 10-10 所示。

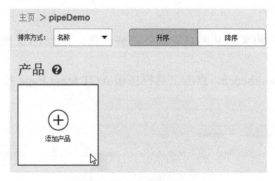

图 10-10　添加产品

⑥ 选择产品为 **Fluent**，点击 **OK** 按钮关闭对话框，如图 10-11 所示。

图 10-11　选择产品为 Fluent

⑦ 点击按钮**新的向导**创建新的向导，如图 10-12 所示。

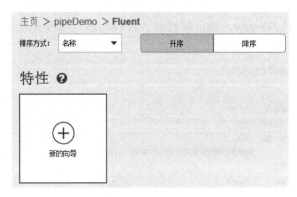

图 10-12　新建向导

⑧ 指定新的向导名称及标签，如图 10-13 所示。

图 10-13　指定新的向导名称及标签

⑨ 点击图 10-14 所示按钮，添加文件，打开对话框控件。

图 10-14　添加文件

⑩ 指定控件属性及属性标签，如图 10-15 所示。

图 10-15　指定控件属性及属性标签

⑪ 添加浮点数控件 Density，指定属性名、标签、默认值及单位，如图 10-16 所示。

图 10-16　添加浮点数控件 Density

⑫ 添加浮点数控件 viscosity，指定属性名、标签、默认值及单位，如图 10-17 所示。

图 10-17　添加浮点数控件 viscosity

⑬ 添加浮点数控件 velocity，指定属性名、标签、默认值及单位，如图 10-18 所示。
⑭ 添加整数控件 numIteration，指定属性名、标签、默认值及单位，如图 10-19 所示。

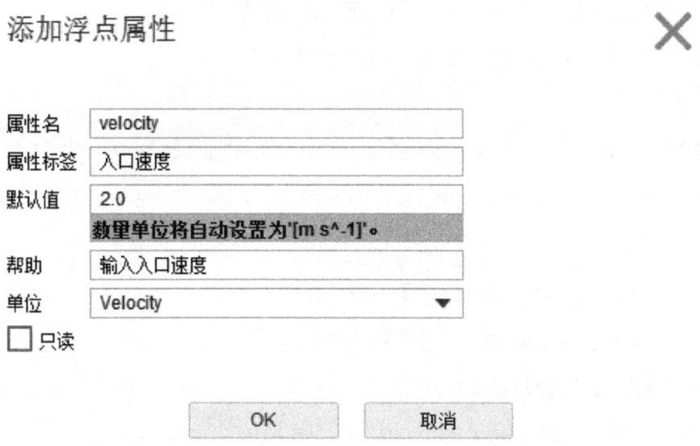

图 10-18 添加浮点数控件 velocity

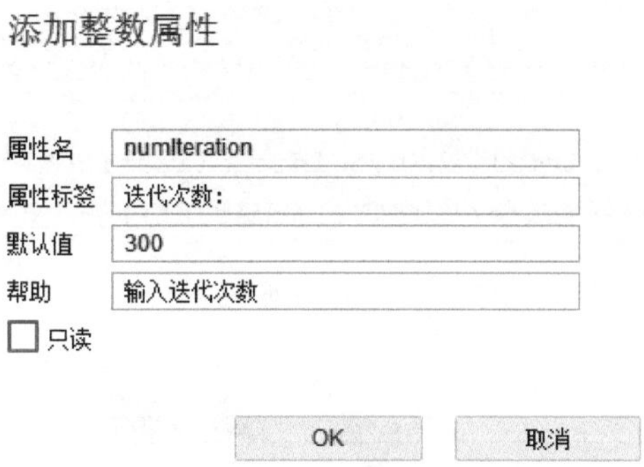

图 10-19 添加整数控件 numIteration

⑮ 构建完毕后如图 10-20 所示。

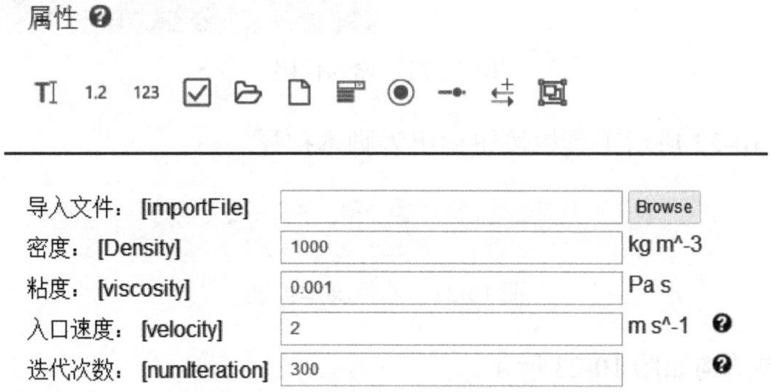

图 10-20 ACT 框架

⑯ 在图 10-21 所示的右侧面板选择回调函数为 **Update**，并输入以下代码：

```
tui = ExtAPI.Application.ScriptByName("TUI")

filename = step.Properties["importFile"].Value
tui.SendCommand(""""/file/read-mesh {0} """.format(filename))
```

```
tui.SendCommand("""/file/read-case EX.msh""")
tui.SendCommand("""/display/mesh ok""")

tui.SendCommand("""/define/models/axisymmetric? yes""")
tui.SendCommand("""/define/models/viscous/ke-realizable? yes""")

dens = step.Properties["Density"].Value
vis = step.Properties["viscosity"].Value
vel = step.Properties["velocity"].Value
nt = step.Properties["numIteration"].Value

tui.SendCommand("""/define/materials/change-create air water yes,{0},,yes,{1},,,yes""".format(dens,vis))

tui.SendCommand("""/define/boundary-conditions/set/velocity-inlet ,,vmag,{0}q""".format(vel))
tui.SendCommand("""/solve/initialize/hyb-initialization""")
tui.SendCommand("""/solve/iterate/{0}""".format(nt))
```

图 10-21　输入代码

⑰ 点击如图 10-22 所示工具栏按钮输出为脚本扩展。

图 10-22　选择脚本扩展

此时文件夹内结构如图 10-23 所示。

图 10-23　文件夹内结构

（4）代码

用文本编辑器打开 pipeDemo.xml 文件，其内容如下：

```xml
<!-- autogenerated by XmlWriter ( 16/03/2020 12:38:15 ) -->
<extension name="pipeDemo">
  <imagedirectory>.</imagedirectory>
  <guid>c8d33dfd-dc23-4b56-ba87-ffe89f3ba132</guid>
  <script src="IDEGeneratedMain.py" />
  <wizard name="mywizard" caption="mywizard" version="1" context="Fluent">
    <step name="workflow" version="0" caption="工作流程">
      <property control="fileopen" name="importFile" caption="导入文件："
persistent="False" parameterizable="False" />
      <property control="float" name="Density" caption="密度：" persistent=
"False" parameterizable="False" default="1000 [kg m^-3]" unit="Density" />
      <property control="float" name="viscosity" caption="黏度：" persistent=
"False" parameterizable="False" default="0.001 [Pa s]" unit="Dynamic Viscosity"
/>
      <property control="float" name="velocity" caption="入口速度："persistent=
"False" parameterizable="False" default="2.0 [m s^-1]" unit="Velocity">
        <help>输入入口速度</help>
      </property>
      <property control="integer" name="numIteration" caption="迭代次数："
persistent="False" parameterizable="False" default="300">
        <help>输入迭代次数</help>
      </property>
      <callbacks>
        <onupdate>onupdateStep</onupdate>
        <onreset>onresetStep</onreset>
      </callbacks>
    </step>
  </wizard>
</extension>
```

可以看到前面的界面搭建工作实际上是构造了这么一个文件，所有信息都在此文件中。

注意文件中有 2 个回调函数 onupdateStep 及 onresetStep。其中 onupdateStep 用于实现脚本功能。这些函数在文件 IDEGeneratedMain.py 中定义。

在 onupdateStep 函数中执行 TUI 脚本。

```python
def onupdateStep(step):
    tui = ExtAPI.Application.ScriptByName("TUI")


    filename = step.Properties["importFile"].Value
    tui.SendCommand("""/file/read-mesh {0} """.format(filename))
    tui.SendCommand("""/file/read-case EX.msh""")
    tui.SendCommand("""/display/mesh ok""")
```

```python
    tui.SendCommand("""/define/models/axisymmetric? yes""")
    tui.SendCommand("""/define/models/viscous/ke-realizable? yes""")

    dens = step.Properties["Density"].Value
    vis = step.Properties["viscosity"].Value
    vel = step.Properties["velocity"].Value
    nt = step.Properties["numIteration"].Value

    tui.SendCommand("""/define/materials/change-create air water yes,{0},,yes,{1},,,yes""".format(dens,vis))

tui.SendCommand("""/define/boundary-conditions/set/velocity-inlet ,,vmag,{0} q""".format(vel))
    tui.SendCommand("""/solve/initialize/hyb-initialization""")
    tui.SendCommand("""/solve/iterate/{0}""".format(nt))
```

① 如图 10-24 所示点击按钮编译 ACT。

图 10-24　编译 ACT

② 对话框中指定输出文件夹，点击**构建**按钮编译 ACT，如图 10-25 所示。

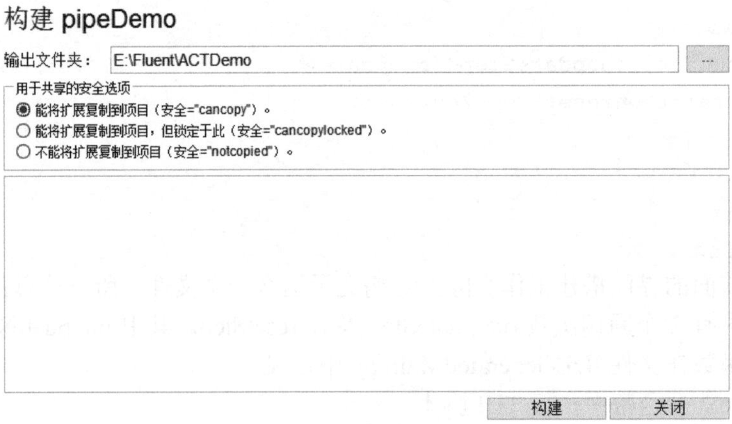

图 10-25　指定输出文件夹

③ 生成扩展名为 wbex 的 ACT，如图 10-26 所示。

（5）测试

① 启动 Fluent，注意勾选选项 **Load ACT** 选项，如图 10-27 所示。
② 点击按钮 **Manage Extensions** 打开管理面板，如图 10-28 所示。
③ 点击 **Install** 按钮并选择前面生成的 wbex 文件安装 ACT，如图 10-29 所示。

第3部分　流程封装

图 10-26　生成扩展名为 wbex 的 ACT

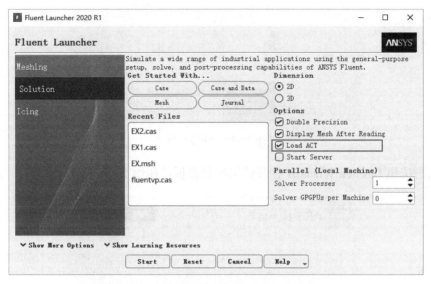

图 10-27　启动 Fluent

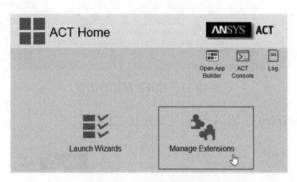

图 10-28　打开管理面板

图 10-29　安装 ACT

④ 如图 10-30 所示加载扩展。

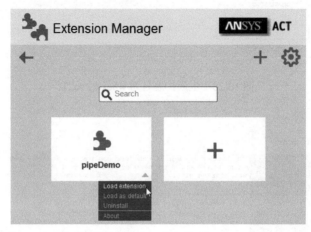

图 10-30　加载扩展

⑤ 点击按钮 **Launch Wizards** 打开扩展运行面板，如图 10-31 所示。

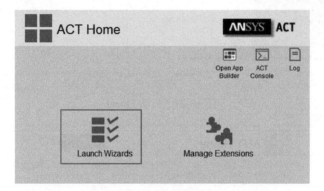

图 10-31　打开扩展运行面板

⑥ 点击扩展 **mywizard** 按钮以运行，如图 10-32 所示。

图 10-32　运行扩展

⑦ 启动后如图 10-33 所示，指定 msh 文件并点击 **Finish** 按钮运行脚本。
⑧ 此时会锁定 ACT，直至 ACT 运行完成，如图 10-34 所示。

第 3 部分　流程封装

图 10-33　运行脚本

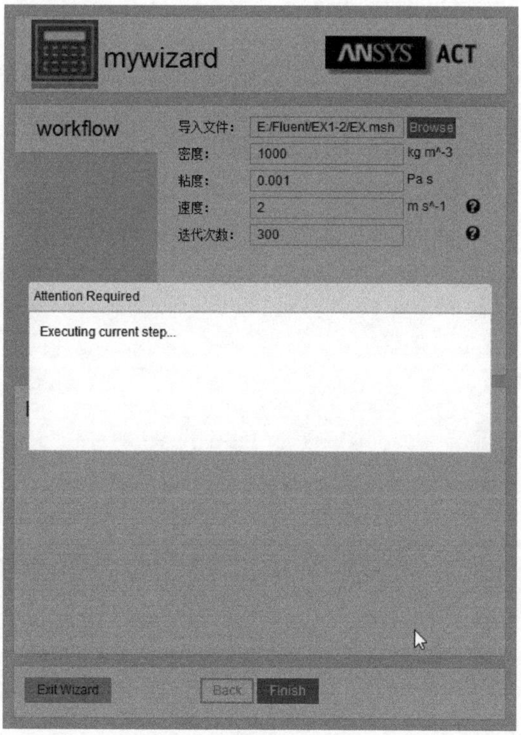

图 10-34　锁定 ACT